实用翡翠学

SHIYONG FEICUIXUE

欧阳秋眉
严 军 著
深圳技师学院珠宝学院

中国地质大学出版社
ZHONGGUO DIZHI DAXUE CHUBANSHE

《实用翡翠学》
编审委员会

主　任：

籍东晓

副主任：

文　平　李勋贵　严　军　王惊涛

委　员：

欧阳秋眉宝石研究所

许　茜　廖任庆　买　潇　王　玲

陈卓茹　吕　璐　陈偲偲　郑　晨

郭　杰

香港珠宝学院

廖　平

前言

自我国改革开放以来,经济得到快速发展,人民生活水平得到极大提高。当物质生活需求逐步得到满足时,人们对审美的需求自然凸显。由于珠宝首饰是满足人们审美需求的重要载体,因此衍生出了珠宝首饰市场。经过几十年的不断发展,珠宝首饰市场也历经了不同的发展阶段:黄金市场—钻石白金市场—多姿多彩的翡翠市场—彩色宝石市场。

自古以来,中国人有戴玉、玩玉的习惯,玉与中国文化结下了不解之缘。随着珠宝业的快速发展,珠宝产业迫切需要具备珠宝专业知识的人才。改革开放初期,我国引进了英国的宝石学课程,接着美国、瑞士等国的宝石学课程纷纷被引入中国市场,但很遗憾的是,欧美的宝石学课程对翡翠知识的讲解深度不够,而国内从事翡翠研究及贸易工作的人虽然有丰富的经验,却未能将经验进行总结并形成系统理论,导致翡翠市场上关于翡翠的命名十分混乱。目前,我国的珠宝学院或培训中心均设有关于翡翠的课程,但没有正式出版的教材。

《实用翡翠学》是由深圳技师学院珠宝学院与香港珠宝学院欧阳秋眉教授合作编写的珠宝教材。本书以欧阳秋眉几十年来开发的翡翠课程为基础,结合国内教学特点编写而成。本书包括十个方面内容:①翡翠的基础知识(科学定义和基本性质);②翡翠矿床的产状及产地;③翡翠的结构、构造和颜色;④翡翠品种分类;⑤翡翠鉴定仪器;⑥翡翠的人工优化处理及鉴别方法;⑦翡翠与其相似石及仿品的鉴别;⑧翡翠的原料类型;⑨翡翠的原料加工;⑩翡翠评估。笔者以深入浅出的方法系统全面地介绍翡翠专业知识,图文结合的详细讲解能帮助读者更好地理解翡翠相关知识。

本书由深圳技师学院资助出版。深圳技师学院的李勋贵博士、高秋斌博士参与了本书内容审查工作,许茜老师参与了编写工作。同时,严军先生、廖平老师等也参与了编写工作,在此一并表示感谢!

由于疫情的关系,再加上时间比较匆忙,错漏之处敬请原谅。

欧阳秋眉
2021年10月

目录

第一章　玉和翡翠的科学定义　　001

一、玉的概念　　002
二、多玛的定义　　003
三、"翡翠"名称的由来　　004
四、近代关于翡翠的研究　　005
五、翡翠的新定义　　005
六、香港特别行政区有关部门对翡翠的定义　　006
七、国家标准对翡翠的定义　　007
八、"翡翠"名称国际化进程　　007
九、现代社会翡翠的功能价值体现　　007

第二章　翡翠的基本性质　　009

一、翡翠的化学组成　　010
二、翡翠的矿物组成　　013
三、翡翠的力学性质　　016
四、翡翠的光学性质　　018

第三章　翡翠矿床的产状及产地　　021

一、翡翠的产地　　022
二、翡翠的成因　　022
三、缅甸的翡翠矿床形成的地质背景　　023
四、缅甸的翡翠矿床及成因分类　　023
五、其他翡翠矿床　　026

第四章　翡翠的结构、构造和颜色　　033

一、翡翠的质地与结构、构造的概念　　034
二、翡翠的结构分类　　035
三、翡翠的构造类型　　038
四、常见的翡翠地子种类　　040
五、结构、构造对翡翠物理性质的影响　　043
六、研究翡翠结构、构造的重要性　　044
七、翡翠的颜色　　046

第五章　翡翠品种分类　　051

一、白色翡翠系列　　052
二、紫色翡翠系列　　054
三、绿色翡翠系列　　056
四、黑色翡翠系列　　063
五、黄色、红色及多色翡翠系列　　065

第六章　翡翠鉴定仪器　　069

一、用于放大观察的仪器　　070
二、紫外荧光灯　　073
三、滤色镜　　075
四、分光镜　　076
五、折射仪　　079
六、偏光镜　　081
七、电子天平　　082
八、卡　尺　　084

第七章　翡翠的人工优化处理及鉴别方法　　085

一、翡翠优化处理概述　　086
二、翡翠优化处理方法　　086

第八章　翡翠与其相似石及仿品的鉴别　097

一、翡翠的仿品及其相似石概述　098
二、翡翠的相似石　098
三、翡翠（硬玉）与相似石的鉴别方法及步骤　109

第九章　翡翠的原料类型　113

一、按翡翠原石出露地表的外形分类　114
二、按翡翠原料的外皮类型分类　117
三、按内部可见度分类　120

第十章　翡翠的原料加工　123

一、原料分析——审料　124
二、开石切片　126
三、切片备料　126
四、设计划样　126
五、切　形　127
六、光　胚　127
七、打　磨　127
八、"过酸梅""过灰水"　128
九、出　水　128
十、炖蜡或喷蜡　128

第十一章　翡翠评估　129

一、翡翠的级别　130
二、颜　色　131
三、透明度　136
四、结　构　137

五、切　工	138
六、净　度	140
七、裂　纹	141
八、体　积	142

附录：不同档次翡翠成品鉴赏　　　　144

主要参考文献　　　　148

第一章 / 玉和翡翠的科学定义

一、玉的概念

追溯历史可知,中国对玉石资源的开发利用由来已久。距今约8000年的兴隆洼遗址出土的玉玦(图1-1)、玉斧、玉锛等玉器,是迄今所知中国最早的玉器之一。可以说中华民族是世界上最早使用玉的民族。中国的考古学家、古玉专家认为在中国文明发展史中,在新石器时代之后和青铜器时代之前,中国存在一个玉器时代,其发展史大致分为:旧石器时代→新石器时代→玉器时代→青铜器时代→铁器时代。

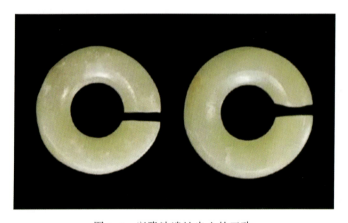

图1-1 兴隆洼遗址出土的玉玦

在漫长的历史长河中,玉石经历了从生产工具到装饰品、实用品、礼器、祭器的发展过程。古人均认为玉有灵性,圣洁无比,将玉之美比作君子之德,于是形成了佩玉之风。孔子(图1-2)曾说:"玉之美,有如君子之德。"《礼记·玉藻》曰:"君子无故,玉不去身。"玉石被人们赋予了"佩之益人生灵,纯避邪气"的观念。《礼记·玉藻》曰:"古之君子必佩玉,右徵角,左宫羽。"由于古人相信灵魂不灭之说,因此古时厚葬之风极盛(图1-3)。古人相信,以各形玉器塞

图1-2 孔子

图1-3 金缕玉衣

入窍口,其尸体便可不朽。

由此可见,玉在中国人的心目中的地位是多么重要,多么崇高!英国近代生物化学家和科学技术史专家李约瑟博士曾经指出"对于玉的爱好,可以说是中国文化的特色之一"。但玉的物质组成到底是什么呢?我国一直未有科学的定义。《说文解字》中提到:"玉,石之美者。"这一提法对"玉的物质组成是什么"的回答十分含糊。随着科学的发展,尽管人们对自然界的认识越来越深入,发现自然界矿物有几千种之多,但一直未能给玉进行科学定义。

二、多玛的定义

1863年,法国矿物学家多玛(Damour)(图1-4)研究了中国市面上种类繁多的玉石制品,认为当时市场上的玉主要有两个品种,一种是来自新疆的软玉(Nephrite)(图1-5),一种是来自缅甸的翡翠(Jadeite)(图1-6)。它们都是多晶质矿物集合体,具有紧密的结构和坚韧的物理性质。

图1-4 多玛

图1-5 软玉

图1-6 硬玉

多玛是一位矿物学家,他的功劳在于确定了玉的矿物成分,即不是由硬玉矿物或软玉矿物组成的玉石不能称为"玉"。所以按照他的定义,蛇纹石玉、糟化石、玛瑙、绿松石、孔雀石等均不能称之为玉。

一百多年以来珠宝学界普遍采用了多玛的定义,并在教科书及一些文献资料中一直沿用。但多玛本人没有踏足中国,更没有去过缅甸,所以他研究的样品有一定的限制性。

三、"翡翠"名称的由来

翡翠本是鸟名,一雄一雌,雄的羽毛为红色,雌的羽毛为绿色。这美丽的鸟名,是如何与美丽的玉石联系在一起的呢?有一种说法:清朝初期,中国驮夫沿第二条丝绸之路行至缅甸北部时,无意中拾到缅甸玉石并带回腾冲工厂加工,切开时发现其硬度、颜色均与当时称为翠的新疆碧玉不同,但一时无名,便称之"非翠"。后来人们发现这种玉石质量不错,便有许多人到缅甸北部开采和购买这种玉石。因此,人们将来自缅甸的美丽玉石称为翡翠(图1-7)。这种解释比较合乎逻辑,也是比较恰当的。

图 1-7　翡翠胸针

玉石行业中,在多玛未发现硬玉之前,人们已将来自缅甸的玉石称为翡翠,但没有从专业角度给予定义。在多玛将来自缅甸的玉石称为硬玉之后,人们在撰写部分文件及教科书时竟将翡翠与硬玉等同起来,使硬玉与翡翠混淆不清。

由于西方市场只接受由硬玉矿物组成的缅甸玉,香港市场上售卖的深色油青种、墨翠及以绿辉石为主的翡翠得不到西方市场及日本市场的认可,以致香港出口到西方的翡翠遭到退货,影响了翡翠行业的正常发展。

从学术观点看,硬玉是单矿物,用单矿物代替缅甸出产的多晶质矿物集合体的翡翠,是不符合玉石鉴定专业准则的。

四、近代关于翡翠的研究

随着缅甸翡翠的扩大开采,不少新品种出现在翡翠市场上,加上新科学仪器的发展,如电子探针、X射线荧光光谱仪等在矿物学、宝石学研究中的应用,不少学者开始对缅甸翡翠进行科学研究。

笔者于1980年在香港大学教学时便收集了大量翡翠,对缅甸的翡翠做了系统的矿物学研究,发现缅甸翡翠中矿物组成复杂,不是由单矿物硬玉组成。更重要的是在著名矿物学家彭志忠教授指导下,笔者发现了"地生钠铬辉石"(图1-8),该矿物曾被英国权威矿物学家认定为不能在地球上形成的矿物。笔者对"地生钠铬辉石"做了详细的测试,发现钠铬辉石可以与硬玉形成完全类质同象替代。笔者据此撰写的文章在美国学术刊物《矿物学家》上发表后震惊了矿物学界(图1-9),接着另有一些学者也确认了"地生钠铬辉石"的存在,这也解释了缅甸翡翠呈鲜绿色的致色原因。

图1-8 钠铬辉石原料

图1-9 发表在《矿物学家》上的原文

随着对缅甸翡翠进一步深入研究,笔者与一些学者发现不少翡翠品种中含有绿辉石,这种绿辉石是翡翠呈暗绿色的致色原因之一,并发现绿辉石与硬玉有密切关系。它们可以形成环带构造共生,硬玉和透辉石(绿辉石)之间也有广泛的类质同象替代。而在20世纪80年代初期由研究者绘制的硬玉—钠铬辉石—霓石三角图中,霓石区并没有样品投点存在。笔者改用硬玉 $NaAl[Si_2O_6]$—钠铬辉石 $NaCr[Si_2O_6]$—透辉石 $NaCa(Al,Mg,Fe)[Si_2O_6]$ 三个端员来作三角图(三角图可参见第二章的图2-2)。

五、翡翠的新定义

早在一百多年前,也就是多玛未发现缅甸玉为硬玉之前,中缅边界已经开展玉石原料贸易,来自缅甸的玉石在当时便称为翡翠。尽管这一名称已在贸易上广泛流传,但却没有被赋予任何学术含义。

自多玛宣称缅甸玉为硬玉之后,中国的学术界以至世界学术界均以多玛定义为标准,人们在有关的文件、教科书中均广泛采用多玛的定义,将产自缅甸的玉石称为硬玉。

翡翠到底是否等同硬玉?由于种种原因,没有人去研究该问题,久而久之,翡翠与硬玉混淆而用。随着缅甸翡翠矿床开采规模越来越大,多种多样的玉石品种在市场中出现,加之新的分析仪器的广泛应用,人们开始发现有的玉石品种并不是由硬玉组成的。例如缅甸翡翠中的干青种不是由硬玉组成,而主要由钠铬辉石组成;缅甸翡翠中的墨翠主要是由绿辉石组成;有的深色油青种含有大量的绿辉石,有的是由几种混合辉石组成。

笔者根据自己的研究成果及市场存在状况,认为翡翠是多晶质矿物集合体,硬玉是单矿物的名称,不能用单矿物名字命名多晶质矿物集合体,并给予翡翠新的学术含义。

翡翠应该是一种矿物的家族名称,包括由三种辉石矿物类质同象系列成员组成的多晶质矿物集合体,如图1-10所示。

图1-10 翡翠的新含义

笔者对翡翠赋予的新定义有充分的学术研究依据,既符合行业及市场的内在需求,又有利于玉石贸易市场的健康发展。

六、香港特别行政区有关部门对翡翠的定义

香港由于地理位置特殊,交通资讯发达,又是一个自由港,20世纪70年代后曾是珠宝、玉石国际贸易中心,法制健全并享有购物天堂的美誉。鉴于贸易市场出现的问题,香港特区政府相关部门迅速采纳有关翡翠名称的建议。

《商品说明条例》规定:翡翠在贸易上指的是由粒状至纤维状的多晶质集合体,可由以下一种或几种组合构成矿物集合体:

(1)硬玉;

（2）绿辉石；

（3）钠铬辉石。

香港《商品说明条例》（第362章第33条）原文：

在营商过程或业务运作中使用"翡翠"或"fei cui"一词描述某物品，指该物品为由或主要由下列任何一种物质或下列物质的任何组合构成的粒状至纤维状的多晶质集合体。

（1）硬玉；

（2）绿辉石；

（3）钠铬辉石。

经过实践证明，这一定义符合当前市场状况，与学术研究结果相吻合，也使香港玉石市场更加规范化。经过香港学者多年大力推动，业界逐渐接受这个翡翠定义，并明晰了玉的定义。

七、国家标准对翡翠的定义

根据《翡翠分级（GB/T 23885—2009）》中的定义，翡翠是指主要由硬玉或由硬玉及其他钠质、钠钙质辉石（钠铬辉石、绿辉石）组成的，具有工艺价值的矿物集合体，可含少量角闪石、长石、铬铁矿等矿物。

八、"翡翠"名称国际化进程

我国长期将"翡翠"一词当作玉石的代名词。经过科学研究，人们发现使用英文名"Jadeite"（硬玉）这种单矿物命名多矿物集合体的翡翠是不符合学术研究结果的。玉石市场目前主要集中在中国，为了推动翡翠市场发展，中国学者积极推广以"翡翠"这一名称替代过去"硬玉"的名称，体现了我们对玉石文化的自信。国际珠宝首饰联合会CIBJO[①]开始受理这个建议：用汉语拼音"fei cui"称呼来自缅甸及来自世界其他产地的辉石玉。

九、现代社会翡翠的功能价值体现

玉石自被人们发现并开采以来，受到了许多人的追捧。在现代社会，作为玉石"新秀"的翡翠越来越受到人们喜爱。翡翠属于美化生活的装饰品，是一种具有文化价值、艺术价值的商

---

①CIBJO是珠宝行业最古老的国际珠宝贸易组织——国际珠宝首饰联合会，最初成立于1926年。它将自己描述为"珠宝行业联合国"，代表着从事珠宝、玉石和贵金属行业的个人、组织和公司的利益。它由世界40多个国家的国际珠宝贸易组织主要成员组成，涵盖了整个珠宝、宝石和贵金属行业纵向及横向的范围，例如从矿山到市场的纵向范围，以及各生产部门的横向范围，是制造和贸易中心。大多数国际珠宝业的领先企业和服务提供商也通过获得商业会员资格加入CIBJO。

品。人们在物质需求得到满足后,自然而然地会产生精神层面的需求。珠宝玉石首饰自有人类历史记载以来,就一直作为人们美化生活的装饰品。中国自改革开放以来人民生活水平得到极大提高,人们对翡翠的需求呈几何级增长。现代社会翡翠的功能价值如图1-11所示。

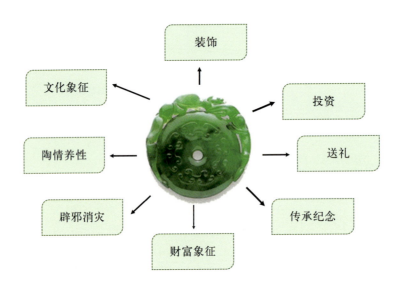

图1-11 翡翠的功能价值

第二章 / 翡翠的基本性质

翡翠是一种特殊的矿物材料,我们要想更好地认识翡翠、鉴定翡翠,就必须从根本上了解、认识它的物质组成,包括化学组成、矿物类别以及物理性质和光学性质。

一、翡翠的化学组成

1. 研究翡翠化学组成的重要意义

研究宝石的化学组成,指的是研究它由哪些元素组成的,其中有主要元素、次要元素,甚至还有微量元素,以及这些元素的价次、化学键型及类质同象系列等。化学组成是宝石的最本质的性质,它的变化会引起宝石各种性质的改变。同样,当人为地改变宝石的特质时,也可能造成宝石化学组成的改变。所以通过对宝石化学组成的研究,无论是直接还是间接地测定,都可以解决许多重要的鉴定问题(图2-1)。

(1)通过化学组成研究,我们可以准确了解翡翠的矿物成分,从而确定翡翠的真假及翡翠的类别。

(2)通过化学组成研究可以判定翡翠的致色元素。

(3)通过化学组成研究能了解宝石的产地。不同地区的地球化学背景值有差异,反映在化学组成微量元素上也有差异。

(4)通过化学组成研究可以鉴别人工处理的翡翠。当在人工处理的翡翠中加入了外来物质如染色剂(有机物或无机物)或树脂等时,均可以通过化学组成研究和薄片观察检验出来。

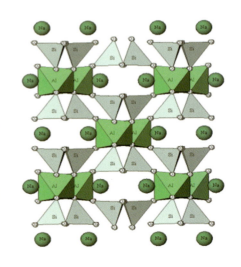

图2-1 硬玉原子结构图

2. 前人对翡翠化学组成所做的研究

多玛于1863年研究了从中国获得的玉器,从中发现了硬玉这个矿物,并确定了它的化学分子式为$NaAl[Si_2O_6]$,即钠铝硅酸盐,属于单斜辉石中含钠的硅酸盐,并检测出其化学成分含量分别为$SiO_2:59.49\%$,$Al_2O_3:25.21\%$,$Na_2O:15.34\%$。

20世纪50至70年代,先后有美国、苏联、瑞士、日本的学者对世界各地翡翠做了化学分析。

在前人研究工作的基础上,1981—1984年,笔者收集了不同颜色、不同种类的缅甸翡翠标本近100块,并对它们进行了系统的化学分析,发现缅甸翡翠化学组成变化很大。从表2-1中可以明显看出缅甸翡翠主要化学组成是钠铝硅酸盐,笔者通过计算其化学晶体结构式,发现了含铬量较高的品种,从而发现了"地生钠铬辉石"。

对晶体化学方程式的分析表明,$NaAl[Si_2O_6]$—$NaFe[Si_2O_6]$—$NaCr[Si_2O_6]$即硬玉—霓石—

钠

表 2-1 缅甸翡翠的化学组成

化学组成		含量/%
主要成分	SiO$_2$	55.6～60.3
	Al$_2$O$_3$	20.31～27.3
	Na$_2$O	10.57～13.4
次要成分	Fe(Fe^{3+})O	0～6.06
	Cr$_2$O$_3$	0～23.67
	MgO	小于1
	CaO	小于1
微量成分	K$_2$O	极少
	TiO$_2$	极少
	MnO	极少
	H$_2$O	极少

铬辉石之间的类质同象系列，特别是硬玉和钠铬辉石完全类质同象系列的广泛存在，是缅甸翡翠的重要特征，这是前人所未曾发现的。而中美洲翡翠的类质同象系列则是 NaAl[Si$_2$O$_6$]—CaMg[Si$_2$O$_6$]—NaFe[Si$_2$O$_6$]，完全没有 Cr 的加入，这可以解释为什么缅甸翡翠的颜色比中美洲所产翡翠的颜色更鲜艳、更美丽。

20世纪90年代开始，国内很多学者，如崔文元教授、施光海教授、亓利剑教授等对缅甸翡翠化学成分做了不少分析。

随着翡翠研究的深入，笔者对缅甸大量不同产区的翡翠样品进行了研究，还对俄罗斯某些翡翠矿床标本做了分析研究。研究中发现不仅硬玉和钠铬辉石可以形成类质同象，而且硬玉和透辉石之间更为普遍地发育不完全类质同象置换。

综合笔者的研究可将翡翠化学分析结果用三角图表示（图2-2）。三角形的三个端员分别为硬玉、钠铬辉石、透辉石。三角形斜边显示硬玉与钠铬辉石可发生铝和铬

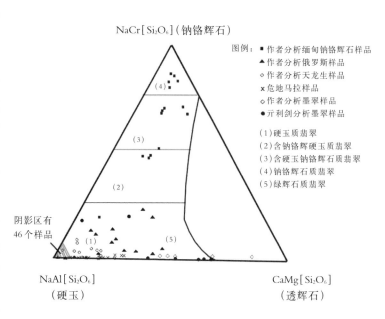

图 2-2 翡翠主要矿物类质同象三角图

的相互替代,三角形底边显示硬玉与绿辉石可以形成完全类质同象替代。

3. 翡翠类质同象及其意义

以翡翠的化学通式 ABX_2O_6 为基础,根据其他相关资料分析可知,缅甸和俄罗斯翡翠的化学式为:$(Na,Ca,K)(Al,Cr,Fe,Ti)[Si_2O_6]$。

其类质同象系列可以分为两种系列:

(1) 等价类质同象系列:$Al^{3+}Cr^{3+}Fe^{3+}$,相互替代,形成 $NaAl[Si_2O_6]$—$NaCr[Si_2O_6]$—$NaFe[Si_2O_6]$ 类质同象系列。在同价类质同象替代中,由于有铬的参与,使翡翠产生不同程度的鲜绿色。

(2) 异价类质同象系列:通式中 A 组分中的钠与钙部分替代,由于总电荷须平衡,故 B 组分中的铝可被二价镁和铁所替代。

异价类质同象替代所形成的绿辉石为 $(Na,Ca)(Al,Mg,Fe)[Si_2O_6]$,由于含二价铁,具有蓝绿色或暗绿色,不呈铬的鲜绿色,所以绿辉石质翡翠呈暗绿色。

到底什么是类质同象呢?类质同象是指一个晶体矿物在其形成过程中某个元素可以被另外一个元素所替代,而矿物键性、晶体结构不受到破坏。互相替代的条件是元素的半径大小要接近,化学性质相似,价次相等或价次总和要平衡。其结果:产生在一定范围内,不同化学成分含量上连续变化的类质同象系列的成员。它们的颜色、物理性质(相对密度、折射率)随组分含量百分比的连续变化而作线性变化,成员之间形成逐渐过渡关系。例如:翡翠中硬玉($NaAl[Si_2O_6]$)与钠铬辉石($NaCr[Si_2O_6]$),它们可以形成等价完全类质同象替代。

无色素离子加入的本是无色纯的硬玉($NaAl[Si_2O_6]$),当硬玉与钠铬辉石($NaCr[Si_2O_6]$)发生完全类质同象替代时,铬离子替代了硬玉中的铝离子使硬玉呈现鲜绿色,含铬离子的数量从少到多,使硬玉呈现浅绿色至较深的绿色。当铬离子替代了一定含量的铝离子时,则该矿物不能称为硬玉,应称为钠铬辉石,端员的钠铬辉石颜色呈现深绿色至黑色,其相对密度、折射率发生了变化,透明度也变差了。有些学者的研究结果表明:在 Cr 的质量为 0.03% 时,翡翠可呈现最美丽的鲜绿色。

笔者按铬含量的多寡,人为地将该相区分为五个并相区:①硬玉质翡翠;②含钠铬辉石硬玉质翡翠;③含硬玉钠铬辉石质翡翠;④钠铬辉石质翡翠;⑤绿辉石质翡翠。

硬玉—绿辉石相区从投点看是连续的,矿物中随透辉石组分的增加,颜色从黄绿色、深绿色,变为黑绿色,其色闷暗,不如含铬者鲜艳。

翡翠类质同象的研究结果揭示了绿色翡翠多姿多彩、变化多端的原因,还解释了为什么翡翠的相对密度和折射率在一定范围内有变化。十分有实际意义的是,翡翠类质同象研究解决了一个世纪以来,硬玉这个单矿物名称与"翡翠"这个商业名词的混淆使用所带来的问题,赋予了"翡翠"这一名词新的学术内涵。它是一个碱性辉石类质同象的家族名称,包括三个成员,分别是硬玉质翡翠、钠铬辉石质翡翠、绿辉石质翡翠。研究人员在开展翡翠类质同象研究的同时以大量的学术研究成果为基础,不但涵盖了缅甸的翡翠,也包括俄罗斯翡翠和危地马拉翡翠,更能反映现代翡翠市场的发展状况。

二、翡翠的矿物组成

近代研究发现,翡翠不是仅由硬玉矿物组成,它还是多晶质矿物集合体。翡翠的矿物组成可达十多种。我们必须了解这些矿物的含量,因为作为岩石范畴的翡翠,是以所含的主要矿物定名并确定其性质的。

按其矿物含量百分比,将翡翠常见矿物分成以下几类(表2-2)。

(1)主要矿物:其含量占翡翠矿物组成的60%以上,起到定名作用。

(2)次要矿物:其含量占翡翠矿物组成的40%以下。

(3)副矿物:其含量占翡翠矿物组成的10%以下。

除以上常见的翡翠矿物以外,还有次生矿物和副矿物。

表2-2 翡翠矿物组成表

主要矿物	硬玉、钠铬辉石、绿辉石
次要矿物	长石类:钠长石、钡长石;闪石类:角闪石、蓝闪石、镁钠闪石、阳起石等
金属矿物	铬铁矿、辉钼矿、黄铁矿等
次生矿物	褐铁矿、赤铁矿、高岭石、绿泥石等
副矿物	石榴石、锆石、沸石等

1. 硬玉(图2-3、图2-4)

化学分子式为 $NaAl[Si_2O_6]$,属于辉石类,晶体形状(以下简称晶形)为短柱状。

颜色:白色、绿色、紫色。

摩氏硬度:6.5~7.0。

相对密度:3.32~3.34。

折射率:1.66,透明至半透明。

图2-3 薄片下硬玉矿物集合体(35×)

图2-4 硬玉质翡翠

解理：两组解理，解理夹角为87°和93°（薄片下才能见到）。
紫外灯：紫外灯下无荧光。

2. 钠铬辉石（图2-5～图2-7）

化学分子式为 $NaCr[Si_2O_6]$，属于辉石类，晶形为短柱状或纤维状。
颜色：浓艳的绿色。
摩氏硬度：5.5。
相对密度：3.40～3.50。
折射率：约1.74。
多色性：灰绿色、鲜绿色。
解理：有两组平行柱面的解理。
紫外灯：紫外灯下无荧光。
滤色镜：在滤色镜下颜色不变。
偏光显微镜：在薄片下可见交代钠铬辉石。

图2-5　钠铬辉石质（鲜绿色）（偏光显微镜）（70×）

图2-6　钠铬辉石集合体翡翠原料

图2-7　钠铬辉石质翡翠成品（手串）

3. 绿辉石（图2-8、图2-9）

化学分子式为$(Ca, Na)(Mg, Fe, Al)[Si_2O_6]$，属于辉石类，柱状至纤维状。
颜色：中等绿色至深绿色、暗绿色。
摩氏硬度：7。

图 2-8　绿辉石质翡翠原料

图 2-9　绿辉石质翡翠成品（墨翠）

多色性：强。

相对密度：3.34～3.41。

折射率：1.662～1.673。

结构：往往与硬玉形成环带构造，反过来也可被硬玉交代。危地马拉及俄罗斯翡翠矿中常见硬玉交代绿辉石的现象。

4. 伴生矿物：钠长石（图 2-10）

长石分为正长石和斜长石，也属于硅酸盐矿物。翡翠中的长石是斜长石类的钠长石，分子式为 $NaAl[Si_3O_8]$。长石晶形为板状至柱状，断面为四方形，有两组完全解理，薄片下可见明显的聚片双晶，肉眼很难见到。

化学组成：$NaAl[Si_3O_8]$。

摩氏硬度：6。

相对密度：2.52～2.65。

折射率：1.52～1.57。

图 2-10　钠长石集合体

长石在浅色的翡翠中经常出现。有时单独呈钠长石集合体,行业上称之为水沫子石。在缅甸翡翠中常呈白色的包裹体。

5. 伴生矿物:闪石类(图2-11)

与硬玉矿物伴生的闪石类矿物有角闪石、蓝闪石、阳起石、镁钠闪石等。它们往往是通过交代辉石类矿物形成的。角闪石在深色翡翠中出现较多,呈长柱状或纤维状,具玻璃光泽,也具有两组平行柱面的解理,但解理交角与硬玉不同(在薄片下才能观察到)。

颜色:角闪石为深绿色、黑色,含铬的闪石为鲜绿色。

摩氏硬度:6。

相对密度:约为3。

折射率:1.62。

多色性:属中等。

图2-11 翡翠中的角闪石

角闪石在翡翠中为一种黑色瑕疵,多呈长柱状集合体或团块状出现,在翡翠的皮上时称为翡翠中的"癣"。在翡翠赌石过程中,业内流传着有黑必有绿的说法。在成品中则认为这种黑色瑕疵是一种"死黑"。

6. 次生矿物(图2-12)

次生矿物是指翡翠露出地表后,氧化与水解作用使翡翠矿物中部分元素分解、流失而形成的新生矿物。其中Si形成SiO_2,Al形成黏土、高岭土,铁残留物形成含水及不含水的氧化铁矿物,由表面的铁形成的褐铁矿是以胶体状态沿翡翠的空隙、裂隙渗入内部

图2-12 次生矿物(40×)
(存在于硬玉矿物孔隙中的褐铁矿矿物)

而生成。次生矿物有赤铁矿、褐铁矿、绿泥石,可呈现出不同的皮的颜色。另外还有高岭土,可能是因长石风化水解而成的。

三、翡翠的力学性质

1. 晶体特征

翡翠的三种主要矿物均为辉石,辉石晶形呈短柱状,横截面呈假正方形,但是在一定条件

下可呈长柱状或纤维状（图2-13）。玉质细腻的翡翠多数由纤维状的辉石组成。

2. 相对密度与密度

相对密度通常是指物体的质量与4℃条件下同体积水的质量之比。相对密度没有单位。密度指的是物体单位体积的质量，例如硬玉的密度为3.33g/cm³。相对密度是矿物的基本属性之一，它的数值是较为稳定的，因而准确地测定矿物的相对密度可以帮助鉴定矿物种类。

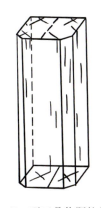

图 2-13 硬玉晶体颗粒的形状

矿物的相对密度大小主要是由矿物的成分和晶体结构所决定的。翡翠是多晶质矿物集合体。由纯硬玉组成的翡翠的平均相对密度为3.33，几乎等于二碘甲烷的密度（3.32g/cm³）。若浅色翡翠中含有一定数量的钠长石会降低其相对密度，甚至降为3.28~3.30。若深色翡翠中的钠铬辉石含量较多及含铬铁矿，相对密度会达到3.37~3.40。翡翠的相对密度随其中Fe、Cr等元素含量的增加而增加。每一种矿物都有较固定的相对密度。多晶质矿物集合体的相对密度会在一定范围变化。

3. 硬度

硬度是宝石抵抗外来刻划和研磨的能力，为宝石的固有性质，是矿物比较稳定的基本属性之一。硬度的大小主要取决于矿物内部结构中质点连接力的强弱。

对于宝石硬度测试，一般采用相对硬度测试方法。最常用的相对硬度测试方法是采用摩氏硬度计（图2-14）测量。摩氏硬度计中列出了10种矿物，1~10中的标样分别对应不同的矿物，是硬度测试的等级标样。测试时，用摩氏硬度计中不同等级标样矿物的尖端刻划被测试矿物的新鲜表面，一般是从硬度小的标样逐步往硬度大的标样测试，观察在测试矿物上是否留下划痕，若留下划痕说明被测试矿物的硬度低于标样矿物代表的硬度等级，反之则高于标样矿物代表的硬度等级。此外，测试相对硬度时应选择矿物的新鲜表面，因为在风化面上，矿物硬度会降低。

翡翠的摩氏硬度为6.5~7.0。翡翠是多晶质矿物集合体，当单晶颗粒粗大时，会看到清晰的解理面，这时最好在闪亮的解理面上测试硬度。多数情况下，肉眼难以区分单晶体的边界，所测试出的翡翠硬度是其集合体的硬度，其数值常略小于单晶体硬度。

4. 韧性

韧性是物体抵抗磨损、拉伸、压入、切割等的能

图 2-14 摩氏硬度计

力,也就是抗分裂的能力。韧性又可以称为承压性。承压性指的是物体在静止压力下可以承受的最大压力。某个物体具有高韧性就表明该物体在静止的压力和定向压力下难以破裂。

韧性与硬度有区别,一些矿物如钻石,在单晶宝石中硬度最高,但韧性不是最高,同时具有脆性。而有些矿物如石棉,虽硬度小,却韧性很高,从而难以拉断。翡翠是多晶质矿物集合体,晶体间的结合方式复杂而紧密,具有极高的承压性,仅次于软玉。

5. 解理

晶体在外力作用下,沿着一定方向(一般平行于理想晶面方向)裂开并产生光滑平面的性质称为解理,而这些裂开的平面称为解理面。解理的产生原理:晶体结构中某些方向的原子面(面网)之间结合力较弱,晶体受外力容易沿这些方向的面裂开。一般在翡翠原石中才能见到解理面的分布。

硬玉具有平行于柱面的两组完全解理(图2-15)。解理面的星点状、片状、针状闪光也就是人们所说的"翠性",俗称"苍蝇翅"或"沙星",是鉴别翡翠的重要标志。但是"翠性"并不是在所有的翡翠表面都能见到,如老坑玻璃地的翡翠因组成矿物颗度太小,肉眼就看不到"翠性"。

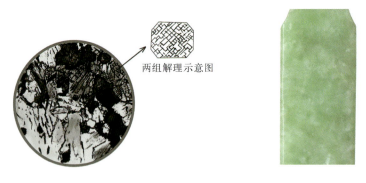

图2-15　正交偏光镜下可见硬玉的两组解理

四、翡翠的光学性质

1. 颜色

颜色是可见光进入人眼的视觉效果。宝石的颜色是宝石与可见光相互作用的结果。不同品种宝石所具有的独特色泽和色调,可作为鉴定依据。翡翠颜色种类丰富,是体现翡翠有美观性的重要特征。

2. 光泽

光泽是指宝石表面反射光的状况及强弱能力。不同的宝石由于具有不同的光密度而有不同的光泽。光泽有时可作为鉴别宝石的依据之一。翡翠为多晶质,其成品的光泽与其抛光度有关。而抛光度与组成晶粒的粗细有关,颗粒越细,抛光度越高(图2-16)。懂得欣赏翡翠的人,特别重视其反光度,行家认为反光度强的翡翠具有刚性,在光线下十分耀眼。

3. 透明度

透明度是指宝石允许可见光透过的程度(图2-17)。宝石的透明度主要分为:透明、半透明、不透明。

图2-16 具有强光泽的玻璃种翡翠

图2-17 翡翠透明度(从左到右变差)

4. 透光性

透光性是一种光学性质,指垂直入射光透入翡翠内部的深度,透入越深,其透光性越强。在翡翠的侧面可以见到透光的深度,甚至可以用尺子量出具体数值,人们称之为水头长短。若入射光可透入3mm,称为1分水;能透入6mm,称为2分水;能透入10mm,称为3分水。若翡翠的水头小于1分水,称为短水货。透光性的强弱在原料上用肉眼均可判断,但在成品上有些难度(图2-18)。

透光性对翡翠美观起到很重要的作用。透光性佳的翡翠晶莹通透,可以将翡翠本身的颜色更好地显示出来,十分有灵性,属于高档翡翠。而相比之下,颜色好、水头差的翡翠在外观上

 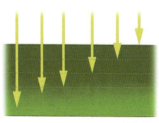 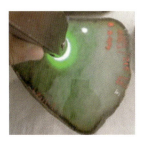

图2-18 翡翠的透光性及示意图

就会逊色很多,缺少了晶莹剔透的灵性,俗称"有色无种"。

影响透光性的因素很多,翡翠本身的颜色会影响透光性,颜色深的翡翠透光性会比颜色浅的翡翠透光性差;翡翠内部的内含物也会影响翡翠的透光性;裂纹也会影响其透光性。

翡翠透光性主要取决于其内部结构:矿物晶体颗粒细,并且具有纤维质平行排列的结构,透光性好;反之,其透光性差。

5. 光的折射与折射率

每一种宝石对光都有不同的折射能力,这种折射能力是由宝石本身的光密度决定的。

当光从空气进入宝石内部时,光的速度发生变化而产生偏离原来方向的现象叫折射。衡量折射的强弱程度称为折射率。不同的宝石内部光密度不同,不同宝石有不同的固定折射率。宝石的折射率是鉴别宝石的重要依据之一,可用折射仪测量折射率(图2-19)。

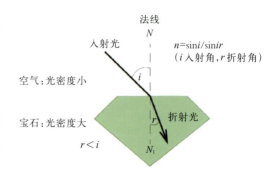

图2-19 折射和折射率

翡翠的折射率为1.666～1.690,钠铬辉石质翡翠的折射率较高,可达1.74。

用折射仪可测量有抛光面的宝石的折射率,具体方法在仪器部分详述。

6. 发光性

有些宝石受到较高能量的辐射时,宝石内部能量被激发,发出可见光光波,辐射停止时,宝石发光也即刻终止的现象称为荧光。若辐射停止后,受辐射的宝石还继续发出一阵可见光,则称之为磷光。天然矿物中有部分矿物是具有荧光的,如萤石、白钨矿、钻石等。

绝大多数天然翡翠无荧光。翡翠是多晶质矿物集合体,若有有机物,如油、树脂、抛光粉的渗入或附着均会引起荧光(图2-20),但也有一些含有机物的翡翠往往在紫外灯下显示出弱的荧光,这一现象很容易让初学者将天然翡翠与充填处理翡翠相混淆。除此以外,一些翡翠中的杂质矿物也会产生发光现象,但一般都是不均匀的光,是局部的发光,而不是整体的光。

初期处理翡翠时多用树脂等有机胶作为填充物,这些有机物在紫外光下会发出粉蓝色荧光,可以帮助我们区分翡翠A货、B货。但部分深色翡翠含铁较多,即使有树脂充填,内部所含有的铁元素也会对荧光起到抑制作用,发光性也就不明显了。

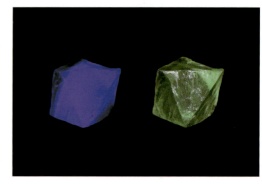

图2-20 天然萤石(绿色)在紫外光下呈现荧光(紫色)

第三章 翡翠矿床的产状及产地

一、翡翠的产地

现在已知世界上出产翡翠的国家或地区很少。人们已知的翡翠矿床有缅甸、俄罗斯、日本、危地马拉和美国,但一直以来优质的翡翠仅产自缅甸北部地区。近年来市场销售的翡翠95%来自缅甸,缅甸翡翠的产量最多、质量最好。随着中国经济快速发展,人们生活水平提高,中国市场对翡翠需求越来越大,缅甸翡翠原料的价格也被推到了一个高峰。由于政策等因素的变化,不少翡翠原料商极力向外寻找新的翡翠原料供应地。日本所产翡翠原料质量差并且已枯竭,失去了经济价值。美国产的翡翠质量也很差,不具有宝石级价值。俄罗斯、危地马拉的翡翠原料十多年来不断进入中国的原料市场,虽然总的质量不如缅甸的翡翠质量好,但价格比较便宜,补充了中低档市场的原料供应。近5年来,行家们发现危地马拉翡翠原料中也夹有色鲜、水头足的高档原料,虽然产量不多,还是吸引了不少原料商家。

2005年美国哈罗博士公布了最新的世界翡翠产地图,增加了不少的翡翠产地。矿床是指在地壳中由地质作用形成的,其所含有用矿物资源的数量和质量在一定的经济技术条件下能被开采利用的综合地质体。可见,产地图中的产地不一定是可开采的矿产地。我们拭目以待,期望有更多的具有经济价值的翡翠矿床能被人们发现。

二、翡翠的成因

翡翠和所有矿产资源一样是地质作用的产物。产状指的是矿物的天然产出情况。

根据已知的翡翠产出情况、地质构造、出露的岩石及矿物组合,地质学家总结了翡翠出现的成因,认为翡翠是一种变质成因产物,在高压低温条件下形成于地球上地幔。那么形成翡翠的高压来自哪里呢?高压来自两个板块相互碰撞(其中之一为海洋板块俯冲于陆地板块中)形成的俯冲带中(图3-1)。地球由地表到深部,越往深处温度越高,压力也越大。由于剧烈的地壳运动会形成很多深大断裂,引起深部超基性岩的侵入,因此翡翠的形成

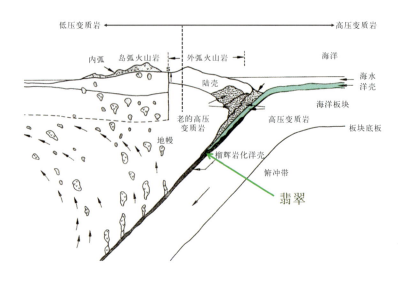

图3-1 板块俯冲与翡翠形成示意图(据都城秋穗,1972)

往往与蛇纹石化岩石有关。

三、缅甸的翡翠矿床形成的地质背景

缅甸北部大规模翡翠矿床的形成与其所处大地构造位置密切相关。根据板块学说的理论可知,地球表面的地壳是由许多大小不等的板块组成,可分为大陆板块和大洋板块。这些板块是不断运动的,当两个板块碰撞时就会产生剧烈的地壳运动。

缅甸北部正处于印度板块和欧亚板块相互碰撞的地带。过去历史表明,印度板块俯冲到欧亚板块之下,造成剧烈地壳运动,形成很多深大断裂,引起深部超基性岩的侵入。地形上青藏高原隆起,并在云南及缅甸北部地区形成一条弧形的缝合线,缅甸的翡翠矿床就在这缝合线上形成。

缅甸的翡翠矿床位于北部密支那地区,在克钦邦西部与实阶省交界一带,即沿乌龙河上游向中游呈北东-南西向延伸,长约250km,宽10～15km,面积约3000km²。经过几百年的挖掘,在这个约3000km²的矿区范围内,翡翠矿口密布。

四、缅甸的翡翠矿床及成因分类

从翡翠矿床地质成因的角度分析,缅甸的翡翠矿床可分为两大类型:原生矿床和次生矿床(图3-2)。

原生矿床:在高压低温区域变质形成,经地壳运动才上升露出地表。

次生矿床:原生矿床露出地表后经风化、流水搬运,沉积富集在低洼地方。

1. 缅甸的原生翡翠矿床

缅甸北部出产翡翠,帕敢地区西北部的翡翠矿床出露在一片呈东北-西南分布的蛇纹岩中。缅甸的原生翡翠矿床成脉状出露在蛇纹岩中。

缅甸的原生翡翠矿床主要分布在龙肯区,著名的原生矿床有度冒(多磨)矿床、凯苏矿床、铁龙生矿

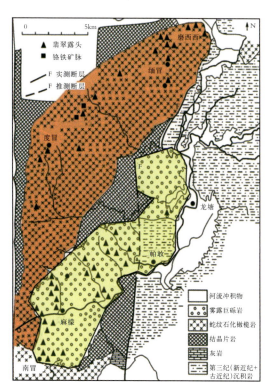

图3-2 缅甸度冒—帕敢翡翠矿区地质图

床。缅甸的原生翡翠矿床的开采历史远比河流冲积矿床的开采历史短，直到1871年才被发现，所以行业上称之为新坑。

缅甸学者苏温在1968年发表了有关缅甸翡翠矿床的文章《地质学应用于玉的开采》，指出：缅甸的原生翡翠矿床是含硬玉的岩墙沿着东北-西南向侵入于蛇纹石化橄榄岩的产物。裂隙、矿脉、矿体是遵循一定规律分布的，而含硬玉岩墙与碱性角闪石-蓝闪石又有密切的关系，从剖面上看往往具有分带性（图3-3）。岩墙包含长石和角闪石，它们之间是逐渐过渡的。

笔者在1990年到过龙肯地区访问，也去了度冒矿床考察（图3-4）。度冒矿床属于原生矿床，现在主要以竖井开采方法进行开采。"八三花青"诗玛矿床属于原生矿床，其中翡翠矿床以岩墙形状产出（图3-5）。近年发现的铁龙生矿床也属于原生矿床，即所谓新场。

原生矿床由于长期深埋在地表下，未遭受外力地质作用的侵蚀和搬运，因而比较坚硬，开采也比较艰难。原生翡翠矿床是河流冲积矿床中矿石的原岩，具有极大的研究价值。

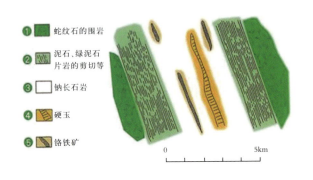

图3-3　度冒的翡翠矿床剖面图（据Soewin，1968）

① 蛇纹石的围岩
② 泥石、绿泥石片岩的剪切等
③ 钠长石岩
④ 硬玉
⑤ 铬铁矿

图3-4　笔者（右一）到度冒矿床考察

图3-5　缅甸"八三花青"诗玛矿床

2. 缅甸的次生翡翠矿床

原生翡翠矿床经地壳运动露出地表，遭受氧化、水解等作用，残留在山上，有的由于重力作用滚落在山坡上，有的则被流水搬运到低洼处沉积堆积成矿，甚至经河流再搬运、再沉积而成砂矿。

缅甸的次生翡翠矿床可分为沿乌龙江河床的河漫滩沉积翡翠砂矿和远离河床的高地砾石

层翡翠砂矿（图3-6），主要分布在帕敢场区、会卡场区、香洞场区、达木坎场区，以及沿乌龙河两侧的场区。

1) 高地砾石层翡翠砂矿

高地砾石层翡翠砂矿的砾石层堆积厚度为100~300m，应属洪冲积成因。

有的学者认为河流阶地砾石层的表述不够贴切。经研究，笔者认为它在地形上分布于河流两侧，但地貌已被分割成为丘陵，不具备河流阶地的形态特征。

图3-6 次生翡翠矿床中呈半胶结构的层层泥沙和卵石

从砾石层的结构划分来看，除了表面属残坡积物外，自上而下，大致可分为三层。各个地区可能稍有变化。

上层为黄色含翡翠的砾石层，当地人称为头层，易开采，可经常发现鲜艳的豆种翡翠，砾石的圆度为次圆状至次棱角状，排列方向不明显。砾石成分有变质砂岩、石英片岩、绿泥石片岩，它们与翡翠砾石混合在一起。砾石的直径为10~20cm，大的可达100cm。胶结物为黄色的砂、泥，胶结不是十分坚硬，用锤子击之易分离。翡翠砾石在该层中分布并不均匀，也不集中。上层总厚度变化于20~50cm之间，上部被剥蚀。

中层为红色砂砾石层，颜色呈黄—棕红色，与上面一层往往呈过渡关系。砾石圆度与上层类似，为次棱角状至次圆状。胶结物为亚黏土至亚砂土，含有较多的翡翠砾石，厚度不一。

下层为深灰—黑色砾石层，在此层中可找到色好的翡翠。该层总体外观呈深灰—暗绿色，估计与含绿色高岭石、绿泥石有关。砾石的个体大小不一，翡翠矿石夹在其中，几乎没有定向排列。砾石圆度也较差，多为次棱角状，砾石成分有绿泥石片岩、石英片岩、云母片岩等，直径大小不一，质量参差不齐。胶结物为深灰色黏土及砂，为半胶结物。下层底部往往含有砂金矿，厚度较大，也称为底层，是目前的重点开采层。

2) 河漫滩沉积翡翠砂矿（图3-7）

河漫滩沉积翡翠砂矿主要分布在乌龙河主河道的两侧，在帕敢场区最为发育。这种沉积砂矿在洪水期淹没在河水之中，枯水期露出水面。翡翠砾石与其他废石如漂砾、砂混在一起，十分松散，未胶结，基本上没有形成分层结构。

这些翡翠砾石的滚圆度较好，以次圆状至滚圆状为主。由于未经胶结风化，翡翠砾石表面较为光滑，所

图3-7 把河水抽干之后开采

以人们称这种在河漫滩上沉积的翡翠为水石。

过去人们在河水淹没的地方,采用浸水捞石的方法进行开采,十分辛苦。现在基本上采取半机械化方法进行开采,先用铲土车进行大规模机械化开采,然后进行水选和手工分选。一般认为翡翠水石质量较高。

五、其他翡翠矿床

1. 俄罗斯翡翠矿床

在俄罗斯境内,比较著名的翡翠矿床有两处,一是乌拉尔的列沃－克奇佩利,二是西萨彦岭的卡什卡拉克。西萨彦岭的翡翠矿床的产量最大,质量较好。下面重点介绍西萨彦岭的翡翠矿床(图3-8)。

卡什卡拉克翡翠矿床位于蒙古共和国北侧,俄罗斯西萨彦岭北部克拉斯诺亚尔斯克边疆区南部坎捷吉尔河河谷。尤金于1955年发现了此矿床,并将它命名为卡什卡拉克。该矿床主要为原生矿床,露天开采,在其中未发现次生矿床,原料储量大,但矿石结晶颗粒较粗,有灰白色的豆种、淡绿色豆青种、白底青种、似铁龙生种等矿石(图3-9),绿色品种较少,同时零星发现了质量好的翡翠。大部分矿石质地较粗,但部分含有钠铬辉石,颜色鲜,储量大。俄罗斯西萨彦岭翡翠成品见图3-10。目前在这个矿床的翡翠原料已陆续进入中国市场。

1) 一号翡翠原料

颜色呈深绿色,比较均匀,厚时颜色发暗,薄时则呈鲜绿色。质地细,不透明,具纤维结构。矿物成分有硬玉、绿辉石,并含有浸染状钠铬辉石,

图3-8 俄罗斯西萨彦岭翡翠矿床露天开采情况

图3-9 俄罗斯西萨彦岭翡翠原料
a.一号翡翠原料;b.二号翡翠原料;c.三号翡翠原料

图3-10 俄罗斯西萨彦岭翡翠成品

含钠铬辉石的翡翠原料有深色斑点状出现,有时含有定向排列的褐黑色物质,经鉴定为非晶质。这种原料适合用于制作"薄水货"。若切薄至2mm以下时,呈鲜绿色,并且具有一定水头,做成蝴蝶或六节形首饰非常美观。

2)二号翡翠原料

含辉钼矿的翡翠,颜色呈淡绿色至中等绿色,质地粗—中等,水头中等,半透明。它往往有鲜绿色翡翠细脉,其质地较细,色较深。但同时毫无例外地含有呈浸染状分布的辉钼矿,致使翡翠的质量大为降低,所含辉钼矿需要以雕洞的方法将之去掉。

3)三号翡翠原料

三号翡翠原料的颜色、质地、水头等基本上与二号翡翠原料相同,所不同的是它不含辉钼矿。其中后期形成的含铬鲜绿色、质地细、水头较好的翡翠呈脉状、斑状分布。这种材料可用来制作光身首饰,如小的戒指面、怀古等。这种翡翠原料具有与缅甸老坑种相同的质量,分布较稀少。总之,这种矿石类型可以说是这个矿区的最佳原料。

2. 中美洲危地马拉翡翠矿床

危地马拉地处中美洲,北与墨西哥相邻,南与洪都拉斯相接。危地马拉人使用翡翠的历史很早,约公元前1300年到公元前16世纪西班牙征服中美洲期间,中美洲曾经有过高度繁荣的文明社会,包括奥尔梅克时代、玛雅时代和阿兹特克时代。这些时代留下不少不同形式的翡翠雕件。目前,考古学家已经从若干富人、贵族和祭司的墓葬中出土了一些饰品(图3-11)。

图3-11 当地古董翡翠

大约在公元1519年,西班牙人不仅给危地马拉地区带来瘟疫、灾难,还使本土文化衰退。由于西班牙统治者不重视翡翠的开采工作,导致经过时代变迁,危地马拉翡翠开采止步不前甚至消亡,产地的位置也无人知晓。

经历了近乎500年的沉寂,在1952年至1963年间美国学者相继在危地马拉发现大的翡翠原石碎块,但一直未能找到其矿床。直至1975年,一对美国考古学家夫妇Jay和Mary Lou(图3-12)花了一年时间研究,终于在莫塔瓜河谷深处发现了翡翠原生矿床,从而使这一宝藏得以重见天日。

图3-12 发现矿床的美国夫妇

危地马拉翡翠矿床(图3-13)主要分布在危地马拉东南部的莫塔瓜河谷。从地质构造看，河谷主要分布在深大断裂与东西向展布的三大断裂蛇纹岩中。现在开采的危地马拉翡翠矿床主要采自莫塔瓜河的冲积河床阶地中，即来自山坡的冲积物或当地阶地中，并未经过长期搬运过程(图3-14)。危地马拉翡翠矿石特点：多数是无皮，呈棱角状、次棱角状，与角山岩、长石岩等混合在一起。目前还发现了黄砂皮的翡翠原石。

图3-13 危地马拉翡翠原生矿床

图3-14 危地马拉河床中翡翠原石的开采情况

1) 危地马拉翡翠化学组成的特点

根据搜集到的标本，并综合多年来在香港大学实验室做的电子探针分析、在中国地质大学(北京)珠宝学院做的电子探针分析及在香港珠宝学院做的X射线荧光光谱仪(XRF)分析，笔者将危地马拉翡翠的化学分析与缅甸翡翠及俄罗斯翡翠进行对比，发现有以下不同的特点(表3-1)。

(1) 氧化钠(Na_2O)的含量绝大多数明显低于缅甸翡翠中Na_2O的含量，含量为5.76%~13.95%，而且浅色翡翠中Na_2O的含量低于深色翡翠。

(2) 氧化铝(Al_2O_3)的含量为16.39%~29.65%，绝大多数也低于缅甸翡翠中Al_2O_3的含量，并且浅色翡翠中的Al_2O_3含量低于深色翡翠。

(3) 危地马拉翡翠中氧化钙(CaO)的含量变化大，总体上高于缅甸翡翠的CaO含量，为0.47%~8.89%，并且浅色翡翠中CaO的含量高于深色翡翠。

(4) 危地马拉翡翠中氧化铁(Fe_2O_3)的含量变化大，总体上也高于缅甸翡翠，为0.26%~11.44%。

(5) 氧化镁(MgO)则比较特别，含量为0%~6.6%，深色危地马拉翡翠中几乎不含MgO。

表3-1　X射线荧光光谱仪分析的危地马拉翡翠化学成分

单位:%

标本编号	JA-001	JA-002	JA-003	JA-004	JA-005	JA-007	JA-009	JA-010	JA-011	JA-012	JA-013
Na_2O	13.417 8	13.104 6	13.974 7	12.224 5	13.538 7	11.048 7	6.231 6	8.939 1	5.762 5	6.400 2	8.965 7
MgO	0.000 0	0.000 0	0.000 0	0.000 0	0.000 0	0.000 0	6.595 6	0.827 2	5.387 6	4.463 9	2.738 7
Al_2O_3	29.650 2	28.965 6	27.419 8	26.817 3	24.720 8	22.015 9	16.931 2	17.453 2	18.471 6	16.387 0	17.592 5
SiO_2	55.950 4	54.927 8	55.925 4	57.095 2	56.766 9	59.660 8	57.486 9	51.368 2	48.889 8	55.021 8	55.063 9
K_2O	0.065 1	0.040 5	0.025 4	0.031 4	0.308 3	0.035 7	0.011 8	0.461 5	0.279 9	0.208 4	0.096 0
CaO	0.471 2	1.886 8	1.299 4	2.099 3	1.879 1	4.574 7	8.883 8	4.460 2	6.912 0	6.027 2	6.804 9
TiO_2	0.014 1	0.023 6	0.042 4	0.110 6	0.575 2	0.225 6	0.479 5	0.977 7	1.932 7	1.010 9	0.838 0
V_2O_3	0.000 0	0.000 0	0.003 3	0.000 0	0.000 0	0.011 0	0.025 0	0.040 7	0.089 4	0.073 9	0.056 6
Cr_2O_3	0.000 0	0.005 2	0.003 3	0.000 0	0.009 3	0.004 3	0.010 5	0.017 0	0.030 9	0.020 6	0.007 1
MnO	0.152 3	0.056 4	0.028 6	0.076 1	0.069 3	0.067 5	0.158 7	1.348 0	0.766 2	0.565 1	0.309 6
Fe_2O_3	0.264 9	0.979 5	1.296 8	1.534 5	2.074 2	2.344 3	3.174 2	7.279 6	11.437 9	9.789 1	7.504 1
CoO	0.000 0	0.000 0	0.000 0	0.000 0	0.000 0	0.000 0	0.000 0	0.000 0	0.000 0	0.005 6	0.000 0
CuO	0.000 0	0.000 0	0.000 0	0.000 0	0.000 0	0.000 0	0.000 0	0.012 8	0.000 0	0.008 1	0.004 1
Ca_2O_3	0.000 7	0.000 8	0.003 0	0.000 0	0.001 1	0.000 0	0.000 0	0.000 0	0.000 0	0.000 0	0.000 2
SrO	0.012 4	0.001 5	0.002 5	0.000 5	0.001 3	0.008 2	0.002 2	0.002 2	0.028 9	0.010 6	0.012 3
Y_2O_3	0.000 0	0.000 0	0.000 0	0.000 0	0.000 4	0.000 0	0.000 5	0.004 2	0.001 5	0.001 0	0.000 8
ZrO_2	0.000 9	0.001 2	0.002 5	0.008 8	0.046 3	0.003 1	0.008 8	0.018 5	0.007 6	0.006 1	0.005 6

（6）危地马拉翡翠几乎不含氧化铬（Cr_2O_3）是其最大的特征。由于危地马拉翡翠经精确分析后可知只有极少含量的氧化铬，因此危地马拉翡翠颜色中没有艳绿色的品种，而且绿色的品种都呈现暗绿色。一些研究危地马拉翡翠的学者认为危地马拉翡翠属油清种，笔者也倾向于这一观点。

2）危地马拉翡翠的种质分类

笔者认为，流入中国内地及香港市场的危地马拉翡翠可分为以下几种常见的品种（图3-15）。

（1）白色系列：主要由白色的硬玉及少量的长石组成，为多晶质集合体，中粒至粗粒变晶结构，半透明至不透明，水头较差。

（2）淡绿色系列：呈淡绿色，颜色均匀，但偏棕色，主要由硬玉和绿辉石组成，是多晶质集合体，粒状变晶结构，也呈纤维粒状变晶结构，可含少见的钠长石。

（3）暗绿色系列：危地马拉绿色系列翡翠的致色元素主要是铁，因此颜色不鲜艳，多为暗绿色或灰绿色，其硬玉成分可以变为以绿辉石为主，即带蓝色的翡翠，类似缅甸翡翠中的油青种。

（4）黑色系列：危地马拉黑色翡翠的矿物组成比较复杂，笔者发现有三种不同的品种，第一种以角闪石矿物为主，含硬玉；第二种以钠长石为主，含少量硬玉及少量黄铁矿；第三种以

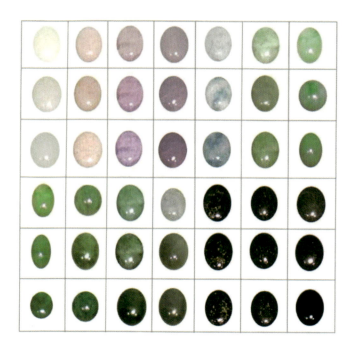

图3-15 危地马拉翡翠的颜色及种质（由Mary Lou Ridinger提供）

硬玉为主，绿辉石为辅。前两种严格来说不能被认定为翡翠，因为它们的矿物组成主要为绿辉石，其次为硬玉，并含有角闪石，还可见少量的石榴石及金属矿物。当地人将含黄铁矿较多的黑色品种称为星河种。

以绿辉石为主的品种称为墨翠，可媲美缅甸翡翠。危地马拉出产的墨翠比较受中国市场的欢迎，有的矿物成分或较单一，主要由绿辉石组成，反射光之下观察为黝黑色，而在透射光下为绿色。唯一不足之处是内裂较多，不能用于制作大件的成品。

（5）蓝水系列：色偏蓝，质地细，水头足，由硬玉和绿辉石组成。

（6）紫色翡翠系列：危地马拉紫色翡翠，颜色为淡紫色，分布不均。晶粒较粗，结构疏松，透光性差。其矿物组成主要是硬玉、钠长石，并含有少量金红石和钙铝榴石。

（7）白皮根色系列：这一系列近10年来才陆续在危地马拉矿区发现，其特点是表面具有白色至黄色的砂皮，里面往往含有绿色的根色，这些根色呈鲜绿色，质地细，水头足，可制成较高档翡翠首饰。此系列翡翠因与缅甸翡翠的老坑种（图3-16）近似而

图3-16 危地马拉产的老坑种翡翠（质幼、水头足，颜色满绿均匀，有一定鲜阳度）

引起翡翠行家极大兴趣。但是该系列翡翠原料一般只能做成厚度较薄的成品,因此售价较便宜。笔者通过化学分析发现这种根色含有一定的铬元素。

3. 哈萨克斯坦翡翠矿床

伊特穆隆达翡翠矿床,位于哈萨克斯坦巴尔喀什市以东110km处。该矿床与肯捷尔劳蛇纹岩体有关。该蛇纹岩体是超基性岩体,呈北西西向延伸,长约30km,宽数百米至1500m。硬玉岩体沿着碎裂的和片理化的蛇纹岩带延伸,呈透镜状、浑圆状、岩株状乃至柱状,直径为1～10m。

按颜色可将该矿区的翡翠划分为四种类型。

(1)白色翡翠:包括白色、灰白色、灰色等品种。该类型翡翠构成翡翠矿床主体,占总质量的70%～88%。其矿物成分为:硬玉(80%～95%)、少量的钙长石(3%～5%)及暗色磁铁矿和石墨(2%～5%)。

(2)绿色翡翠:发育于白色翡翠的边缘位置,两者之间接触关系清晰,接触带宽约几毫米(图3-17)。绿色翡翠的颜色为灰绿色、暗绿色或褐绿色,部分为纯正的绿色,成分仍以硬玉为主。其中部分硬玉铬含量较高。另有含量为5%～20%的绿辉石。据了解色鲜、种好的宝石级翡翠在此矿床中具有一定储量。

(3)黑色翡翠:总体呈黑色或暗灰色,亦可称为黑色硬玉,总体含量少。黑色可能由细且分散的有机物和磁铁矿所致,致色矿物含量为5%～35%。其他成分为硬玉(约90%)和绿辉石(约5%)。

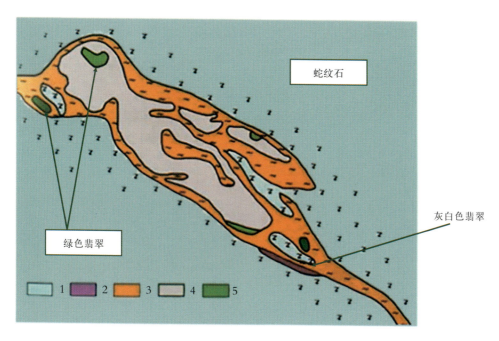

图3-17 哈萨克斯坦翡翠矿床地质示意图
1.蛇纹岩;2.角闪石岩;3.含蛭石至绿泥石状黏土;4.灰色翡翠;5.绿色翡翠

(4)杂色翡翠:常产于白色翡翠与围岩的接触带附近,同一块体上可出现白色、灰色、绿色或黑色等杂色,不同的颜色常呈团块状或网脉状分布,现在有局部可开采。

4. 日本翡翠矿床

日本人很早就懂得使用翡翠,从古代留下的物品中可知,九州岛均有翡翠产出(图3-18、图3-19)。不过,主要产区为飞弹外缘带(新潟县糸鱼川市青海地区)、三郡带(鸟取县若樱、冈山县大佐、兵库县大屋等)以及长崎变质岩带(长崎县长崎)等地。从翡翠的价值来分析,飞弹外缘带所产的翡翠无论从质量上还是数量上都比其他地方所产翡翠逊色。日本翡翠主要产区:①神居古源带;②青海-莲华带;③三郡变质带;④长崎变质岩带。

图3-18　勾玉

日本的翡翠矿床主要是原生矿床,所以日本所产的翡翠往往是没有"皮"的(也就是没有风化外壳)。总的说来,日本的翡翠发现较早,品种变化不大,有粗晶的,也有细晶的。不过目前发现的大部分为粗晶(即粗粒)翡翠,颜色较单调,主要为浅绿色、灰绿色,至于质量好的绿色翡翠也只是零星分布。现在日本翡翠矿床已经枯竭。

5. 美国翡翠矿床

美国翡翠矿床位于西部的加利福尼亚州。其中以圣贝尼托县的克列尔克里克翡翠矿床和门多西诺县的利奇湖翡翠矿床最为著名。但它们大多数未能达到宝石级,在珠宝玉石市场上几乎没有出现过,所以在此不做更多介绍。

图3-19　日本新潟县出产的翡翠原料

第四章 / 翡翠的结构、构造和颜色

一、翡翠的质地与结构、构造的概念

1. 翡翠的地子或底

简单地说,翡翠的质地是指翡翠的地子或底,不包含颜色(图4-1)。就如同我们判断布的质地一样,只判断这匹布是麻质还是丝质等,并不以其花纹和颜色为判断标准。

但是当一块翡翠原料上有大面积、没有边际的颜色时,在看地子时就应考虑颜色,如油青地、芙蓉地、藕粉地等。

质地对翡翠价值影响很大。翡翠是具有工艺价值的特殊玉石,构成翡翠价值的因素除颜色之外,还包括它的透光性(水头)、质地的粗细等。人们欣赏翡翠是因为它具有独特的滋润感、高韧性。有的翡翠虽然无色,但具有极高的透光性和光泽,仍然有很高的价值;相反,有的翡翠虽具有好的颜色,但晶粒很粗、不透明,反而不受人们欢迎。行业内说:地子好可以"托高"颜色,地子差会"吃掉"颜色。所以有经验的人在购买翡翠时倾向于购买质地细、种好的翡翠。

图4-1 翡翠的粒状结构特征

从岩石学观点看,翡翠的质地是指翡翠的结构和构造(图4-2)。

2. 翡翠的结构与构造

1)翡翠的结构

翡翠是由许多矿物晶体组成的多晶体宝石,翡翠的结构由以下三个方面组成(图4-3)。

(1)晶体晶粒大小(粗细程度)。

图4-2 翡翠的地子(除去绿色部分)

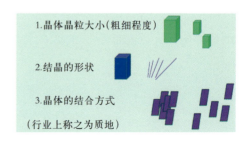

图4-3 结构定义示意图

(2)晶体的形状(粒状、柱状、纤维状)。

(3)晶体的结合方式(紧密或松散)。

这三个方面就构成了翡翠的结构,行业内称之为质地。这三个方面既有区别,又相互影响。

2)翡翠的构造

翡翠的构造是指组成翡翠的矿物晶粒(或集合体)的空间分布和排列状态,即这些矿物是均向分布还是按一定方向排列(图4-4、图4-5)。

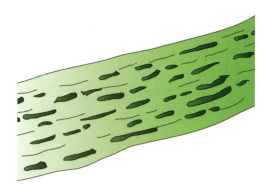

图4-4　脉状侵入的翡翠晶体顺一定方向排列

行业上有句话"玉无纹,天无云",这里的"纹"就是构造。切石师傅开第一刀前要找出纹路,这说明翡翠中矿物晶粒的定向排列是普遍现象。在观察范围小的时候,纹路可能不明显。有的翡翠原料在大面积上看可以观察到矿物排列的方向,但做成成品后,矿物的排列方向就不明显了。

图4-5　在偏光显微镜下显示硬玉晶体平行排列构造(正交)(80×)

3. 结构与构造的不同

结构着眼于矿物单体形态、大小、晶体的结合方式,而构造着眼于集合体的形态、空间排列关系。

二、翡翠的结构分类

1. 按粒径粗细划分

根据肉眼特征、薄片观察特征、直接测量的晶粒直径大小,可将翡翠的结构分为以下几种。

(1)粗粒结构(图4-6)。凡是岩石中晶粒直径大于2mm的晶粒,很容易通过肉眼观察到。所以,翡翠的晶体多数晶粒直径大于2mm,可划分为粗粒结构。

图4-6　粗粒结构(20×)

粗粒结构的翡翠,肉眼观察晶粒十分明显,具粗糙感,一般不透明,例如粗豆种。

(2)中粒结构(图4-7)。若晶粒直径在1~2mm之间,肉眼能看见晶粒,但不是十分明显;但强光下观察,可见晶粒,反映在透明度上为微透明,例如细豆种。

(3)细粒结构(图4-8)。当组成翡翠的晶体晶粒粒径为0.5~1mm时,肉眼观察晶粒不明显,放大镜下可见晶粒,晶粒边界不明显,表面抛光较好,有一定透光性。

图4-7　中粒结构(20×)　　　　图4-8　细粒结构(俄罗斯翡翠)(20×)

(4)微粒结构(图4-9)。粒径为0.5~0.1mm,肉眼不能见到晶粒,透光性较好。

图4-9　微粒结构(30×)

(5)隐晶质结构。当组成翡翠的晶体晶粒极小时,肉眼观察不到晶粒,在10×放大镜下也难以见到晶粒,只能在显微镜下看到晶粒质细,结构紧密,透光性好。行业上称之为"种老"的翡翠。例如玻璃地翡翠。

2. 按矿物晶粒形态划分

根据矿物晶粒形态划分，常见的晶粒结构有粒状变晶结构（图4-10）、柱状变晶结构（图4-11）、纤维状变晶结构（图4-12），当同时有两种不同晶形存在时，以粒状结构为主。

备注：这些结构一般只在显微镜下才能比较清楚地观察到。

图4-10　粒状变晶结构（40×）

图4-11　柱状变晶结构（60×）

图4-12　纤维状变晶结构（80×）

翡翠中的矿物多为辉石类矿物，它的结晶习性为短柱状，但也有长柱状，甚至纤维状。行业上的一句话"十有九豆"非常正确地概括了翡翠晶粒形态，即多数为短柱状，像一粒粒的绿豆，但细粒或极细粒的翡翠多数由纤维状的晶体组成。短柱状和粒状结构的翡翠反映了它是在无定向压力下经变质作用形成的，而纤维状、长柱状晶体是在定向压力条件下经变质作用形成的。

3. 按结晶晶粒之间的结合方式划分

组成翡翠的晶体的结合方式是指晶体与晶体之间的关系，即两者是紧密结合在一起还是比较疏松地结合在一起。只要仔细观察就会发现，有的翡翠晶粒边界很清楚，晶体晶粒明显，例如天龙生种翡翠、豆种翡翠。但有的翡翠晶粒之间的界线很不清楚,十分模糊,晶粒之间的结合比较紧密。晶粒之间的结合方式有以下几种。

(1)晶粒边界不明显(锯齿状边界),例如老坑种,多数透光性好(图4-13)。

(2)晶粒边界模糊(弯曲状边界),例如芙蓉种,透光性中等(图4-14)。

(3)晶粒边界清楚(直线状边界),例如豆种,透光性很差(图4-15)。

图4-13　显微镜薄片下显示的锯齿状边界(40×)　　　图4-14　显微镜薄片下显示的弯曲状边界(40×)

图4-15　显微镜薄片下显示的直线状边界(80×)

三、翡翠的构造类型

根据矿物排列的几何分布特征,结合构造的成因,可将翡翠构造分为以下类型。

(1)块状构造。粒状或短柱状矿物排列无一定次序,无一定方向,不具任何特殊形状的均匀块体。这种构造是在无定向压力作用下结晶或重结晶形成的(图4-16)。

(2)放射球状构造。纤维状硬玉集合体排列成球形,各球体之间无定向排列(图4-17)。

图 4-16　显微镜薄片下显示的块状构造（40×）

图 4-17　显微镜薄片下显示的放射球状（40×）

(3) 条带构造。岩石中不同颜色或粒度的不同矿物或同种矿物的集合体呈带状分布，各条带间大致呈平行排列。在翡翠中常见绿色翡翠条带呈平行纹路分布于白色翡翠基质中，如金丝种翡翠就属于这一种构造；有时也有纤维状翡翠细脉充填在浅色或白色翡翠中（图4-18）。

(4) 似平行构造。长柱状硬玉矿物集合体的长轴多多少少近于平行一个方向延伸（图4-19）。

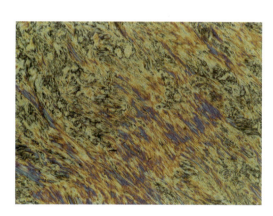

图 4-18　显微镜薄片下显示的条带构造（70×）

图 4-19　显微镜薄片下显示的似平行构造（70×）

知识拓展

(1) 颜色的深浅对透明度也会产生影响。即使透明度好的翡翠，若颜色太深也会影响透明度。

(2) 种好的翡翠具有灵性，如翡翠的起荧现象，即微粒晶体摆放整齐有序而导致光进入后整体折射率明显，似从里面放出一种光彩。

(3) 水头足的玻璃地翡翠是很难形成的，只有在特殊地质条件下才能形成。

第四章　翡翠的结构、构造和颜色

（4）行业上以水头的长度来划分透光性级别：若聚光灯能透过翡翠3mm深，称为1分水；若能透过6mm深，则为2分水；若能透过9mm深，则为3分水（图4-20、图4-21）。

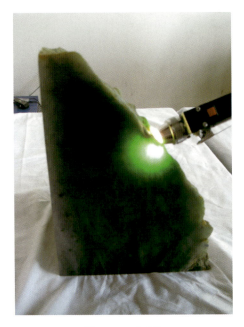

图4-20　透光性

图4-21　不同地子的翡翠

四、常见的翡翠地子种类

常见的翡翠地子分类见表4-1。

表4-1　翡翠地子分类表

地子名	结构描述	透光性
玻璃地	隐晶质，多晶质集合体，纤维状（或糜棱状）紧密镶嵌结构	很佳
冰地	细粒，多晶质集合体，纤维状紧密镶嵌结构	佳
芙蓉地	细粒，多晶质集合体，纤维状—粒状，紧密镶嵌结构（颜色通常为偏清淡的绿色）	中
糯地	晶粒粗细介于冰种和白豆种之间，晶粒边界模糊不清，质感比豆种佳，主要呈粒状结构	中
油地	细粒，多晶质集合体，纤维状紧密镶嵌结构（通常颜色不纯，带咖色或蓝色）	中
冰豆地	细粒—中粒，多晶质集合体，粒状—纤维状镶嵌结构，有粗有细，有一定透明度，交代作用→纹状结构"孤岛"	中
豆地	中粒—粗粒，多晶质集合体，粒状—纤维状镶嵌结构	差
藕粉地	中粒—粗粒，多晶质集合体，粒状—纤维状镶嵌结构，晶体无方向排列	差

注：香港珠宝学院版权所有，翻印必究。

1. 玻璃地

玻璃地翡翠透明，显得晶莹剔透，用手电筒照射，光可透过9mm深，行业上称为水头长（可达到3分水）。可呈白色、浅绿色等颜色。肉眼看不到晶粒，结构细腻（图4-22）。

2. 冰地

用手电筒照射冰地翡翠，有一定透光性，肉眼看不够清澈，似磨砂玻璃。可见一些细棉及白点（钠长石），导致透明度降低，一般为1分水至2分水。质地细，肉眼可看到部分晶粒，但边界不清晰。它的晶粒结构可由纤维状和粒状结构相结合（图4-23）。

图4-22 玻璃地

图4-23 冰地

3. 芙蓉地

芙蓉地翡翠的颜色为较纯正的淡绿色，透光性中等。用手电筒照射时光可透过3mm（1分水）深。结构较细，肉眼可见不明显的粒状结构（图4-24）。

4. 糯地

在电筒照射下，糯地翡翠的透光性较差，只有半分水到1分水。可见晶粒，边界不清楚，有点像煮熟的糯米的样子。晶粒粗细介于冰地和豆地之间，和芙蓉地翡翠类似（图4-25）。

图4-24 芙蓉地（40×）

图4-25 糯地

第四章 翡翠的结构、构造和颜色

5. 油地

油地翡翠的绿色不是很正，带有棕色或蓝色，色调较暗。颜色可较淡，也可呈深墨绿色。还有一些油地翡翠的颜色较鲜艳。透光性一般较好。结构通常较细，呈纤维状，少数呈粒状（图4-26）。

6. 冰豆地

冰豆地翡翠呈半透明，透光性较差，一般不到1分水。结构较粗，晶粒呈短柱状，边界较模糊，不清晰（图4-27）。

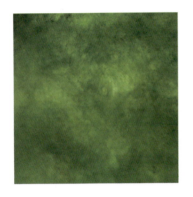
图4-26　油地（40×）

图4-27　冰豆地（40×）

7. 豆地

豆地翡翠为不透明，透光性较差，一般只有半分水，中等玻璃光泽，结构较粗，晶粒呈短柱状，边界清楚，呈直线形，看起来像一粒一粒的绿豆，具有明显的翠性（图4-28）。

8. 藕粉地

用手电筒照射，藕粉地翡翠基本不透明，透光性差，结构粗，一般带有浅紫色色调（图4-29）。

图4-28　豆地（35×）

图4-29　藕粉地（35×）

五、结构、构造对翡翠物理性质的影响

我们在之前的课程中讲过,矿物的物理性质是指矿物在光学和力学作用下呈现出的一段特性,如光泽、颜色、透光性、硬度、密度等。那么翡翠不同的结构和构造对其物理性质有没有影响呢?回答应该是肯定的。这种影响主要表现在以下几个方面。

1. 对透光性的影响

对翡翠而言,矿物集合体中晶粒粗细、晶粒间的接触边界类型,以及晶粒集合的紧密程度是影响透光性最直接的内在因素(表4-2)。人们都熟知翡翠透光性——水头是评价翡翠质量优劣仅次于颜色的第二个重要因素。

表4-2 翡翠结构对翡翠物理性质的影响

晶粒粒径		晶粒排列紧密程度	透明度	抛光度	举例
隐晶至微晶		紧密	透明—半透明	佳	玻璃种
细粒		较紧密	半透明	中等	冰种
中粒		较疏松	半透明	中等	糯种
粗粒		疏松	不透明	差	粗豆种

注:香港珠宝学院版权所有,翻印必究。

2. 对光泽的影响(图4-30)

翡翠的光泽是影响翡翠美观的因素之一。品质特别高的翡翠如玻璃地翡翠,会呈现具有金属质感的光泽,这种光泽被业内人士称为刚性光泽。翡翠的光泽取决于翡翠的抛光程度。由于翡翠是多晶质矿物集合体,其抛光程度决定了组成翡翠的晶体的粗细程度及排列方向,以及矿物成分的纯度。从晶体的定向性来看,粒柱状晶体,

图4-30 翡翠原石结构不同引起表面差异变化

垂直轴方向的切面硬度略高,而平行轴方向的切面硬度略低。当翡翠晶体排列方向不一致时,其抛光面高低不平,这种不光滑的面在反射光之下呈现乱反射,其光泽差。若翡翠的晶粒细,则晶粒的方向差异不明显,因此,其抛光亮度就较好,可以呈现强反光面,增加了翡翠的美感。

3. 对抗风化能力的影响

自然界的风化和侵蚀作用,主要有由水的分解、阳光和温差变化引起的膨胀收缩以及水结冰的膨胀作用等。结构、构造不同的翡翠,抵御外界风化的能力是不同的。一般来说,晶粒细、结构紧密、毛毡状玻璃地翡翠要比晶粒粗、结构松散的粗豆种翡翠更难风化。因为前者抵御水的侵蚀和热胀冷缩的能力都较后者强得多,且晶粒粗大者或成斑晶者,在受机械冲刷和热胀冷缩作用时,首先脱落而成凹坑(或表面粗糙)。相比而言,晶粒小、结构紧密的毛毡状翡翠,在风化后,表面相对光滑并突显出来。换言之,优质翡翠较劣质翡翠在自然界风化时更易保存下来,这就是缅甸产出的老坑种翡翠砾石多为优质翡翠的原因。

行业中认为水石即经过河水长期搬迁、冲刷而沉积的河流冲积物,质量较好。因为粗粒的翡翠易风化、分解,而只有较细粒的翡翠抗风化、抗水解能力强,易于保存下来。在翡翠的原石毛料中,水石常具凹凸不平的表面,这是差异风化的结果,除此之外,很大程度上也是由结构的差异导致的结果。细粒翡翠风化速度慢,易凸起来;粗粒翡翠风化速度较快,易凹进去。

六、研究翡翠结构、构造的重要性

认识和研究翡翠的结构、构造是非常重要的,它具有以下几个方面的实际意义。

1. 识别翡翠原料

有经验的人可凭肉眼识别真假翡翠,即根据翡翠的特殊结构判断。在反光的条件下,从未打磨的翡翠原料的新鲜面上可以看到组成翡翠晶体的粒状断面的解理面闪闪发光。即使是有一层风化外皮的翡翠原料也可在风化作用后呈现出来:多数翡翠具短柱状镶嵌结构(图4-31)。

石英岩与翡翠具有不同结构,反映在风化的外层皮也不同。对于做假皮的翡翠原料,仍可以通过仔细观察其外皮所表现出来的固有的结构、构造特征来识别。

2. 鉴别翡翠成品

根据粒状变晶结构很容易将翡翠与其他仿制品进行区分。我们不可能对一件大雕件进行相对密度的测量,也很难测定其折射率,但根据翡翠特有的粒状镶嵌结构易于进行判定。

图4-31 翡翠的结构(翡翠原料中可清楚见到)(35×)

在鉴别翡翠饰物时,可在透射光下用放大镜观察翡翠的结构。一般情况下,翡翠在透射光下可见晶粒结合边界形成的纹路,而其他玉石,如石英质玉、软玉、蛇纹石玉均不能见到这种变晶结构所形成的特殊的玉纹(图4-32)。所以,有经验的人在用放大镜观察时就可凭结构鉴别翡翠。

3. 鉴别人工处理翡翠

在鉴别B货翡翠时,观察翡翠的结构、构造也很重要。浸酸、注入树脂的翡翠,其结构、构造均遭到了破坏(图4-33)。经处理的B货翡翠常显示出疏松的结构,并在显微镜下可见晶粒之间充填有树脂。最明显的是具

图4-32 翡翠的特有结构(从翡翠成品中察看)

有一定方向排列的晶体遭受到破坏,晶体排列方向被错开或显得杂乱无章。若在显微镜下详细观察,可发现与未受到破坏的原生的同种翡翠的结构(图4-34)有所区别。

图4-33 B货翡翠结构受破坏(30×)

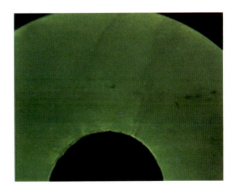

图4-34 A货翡翠保持天然结构(30×)

4. 指导翡翠原料切割

开石师傅特别注意观察翡翠原料的纹路。开石(图4-35)、切片要顺纹而开,尤其是做首饰的面均取顺纹方向,这样抛光的效果好,光泽显得比较柔和。若逆纹而开,较难抛光,会显得比较粗糙,光学效果较差。同时,逆纹而切的翡翠会显得色深且颜色分布不均匀。

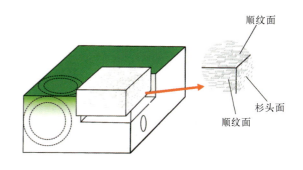

图4-35 按翡翠原料中的纹路切开

第四章 翡翠的结构、构造和颜色

七、翡翠的颜色

1. 研究翡翠颜色的意义

1）美观标示

颜色是构成翡翠美感的重要因素之一，是宝石最直观、最易于识别的一种性质（图4-36）。

颜色是构成宝石美观的决定性条件，决定了宝石的价值。评价彩色宝石或翡翠级别及价值时首先是考虑颜色是否美观。价值连城的翡翠首饰，其颜色必须纯正、鲜艳、均匀。而中国艺人正是利用了翡翠颜色的多姿多彩及各种"巧色"，设计出无与伦比的艺术品。

翡翠的颜色可以说是它的价值所在，研究翡翠颜色的形成和分布规律，对于如何利用翡翠原料有重要意义。

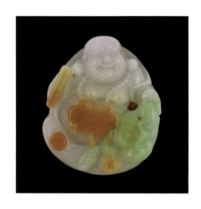

图4-36　五颜六色的翡翠

2）以色辨玉

颜色也可作为鉴定翡翠的标志之一。

翡翠的特殊颜色也是我们鉴别翡翠的重要依据。章鸿钊曾说过，古代人"每遇宝石，辄以色别"。这时因为当时人们受条件所限,无法鉴别宝石或玉石的矿物成分,所以着重以色辨玉。

在今天,我们虽然已经掌握了矿物学知识,但在进行玉质鉴别时,玉石的色彩仍然是重要依据之一。因为颜色可以反映出它所含的化学成分,翡翠因结晶条件的不同而具有特殊的颜色(图4-37)。

翡翠颜色的研究也有其科学意义。宝石颜色反映了宝石的成因和演化。不同成因、不同产地的宝石或矿物具有不同的色彩,这是由形成的地质条件、地球化学背景决定的。所以研究矿物的颜色可以帮助我们了解宝石的成因及形成条件等有关问题,以进一步评定宝石的价值。

图4-37 翡翠工艺品

2. 翡翠颜色的成因分类

按照翡翠颜色的地质作用成因,可将其分为原生色和次生色。

1)原生色

原生色指的是翡翠在地表以下结晶时形成的颜色。白色系列、紫色系列、各种色调的绿色系列、黑色系列翡翠的颜色均匀,属于原生色。

当翡翠矿物结晶时,色素离子如铁(Fe)、铬(Cr)、锰(Mn)的加入而使矿物呈色。例如硬玉本来是无色,由于铁或铬色素离子加入晶格中而呈现绿色。含铁色素离子的翡翠呈现暗绿色,含铬离子的翡翠则呈现鲜绿色。至于绿色的深或浅则与含色素离子的多或少有关。

原生色是比较固定的颜色,它与晶体是一致的,用酸是不可能溶蚀掉的。因而这类颜色耐久性较强,行业上称之为"肉"的颜色(图4-38)。

图4-38 原生色和次生色
(边缘黄色为次生色,绿色部分为原生色)

第四章 翡翠的结构、构造和颜色

2）次生色

次生色包括黄色和棕红色系列。它是在外生地质作用条件下形成的颜色（图4-38）。

其形成过程为：在翡翠露出地表之后，它所处的环境与原来形成时的环境有很大变化，处于地表常温、常压、氧化、多水条件下，许多矿物在化学性质方面不稳定，在缅甸热带潮湿气候下，化学风化作用强烈；由于氧化、水解等作用，有的元素溶解流失，最后在翡翠外表就会形成风化外壳。这是因为翡翠中的K、Na、Ca、Mg容易析出流失，硅酸盐中硅铝从矿物中变成一种溶液流失，部分的硅和铝在地表形成黏土矿物，最后形成褐铁矿、针铁矿、铁矿等含水氧化铁矿物的胶体淋漓渗透入未风化翡翠矿物晶体粒间孔隙中或微裂隙中成为褐铁矿，褐铁矿经蒸发作用失水而形成赤铁矿并致红色（图4-39）。

这种颜色是氧化铁矿物渗入晶体孔隙中而致色，并不是翡翠晶体内部本身呈现的颜色。这种颜色化学性质不稳定，用强酸浸泡有可能完全溶蚀掉，从而使翡翠褪色，行家称之为"皮"的颜色（图4-40）。

图4-39　翡翠的次生色（显微镜下观察）
（40×）

图4-40　翡翠次生色成品

3. 翡翠的化学成分与颜色的关系

1）白色翡翠

白色翡翠是由纯净硬玉组成，它含有钠、铝、硅和氧四种化学元素，化学式为$NaAl[Si_2O_6]$。如果翡翠只含有钠、铝、硅、氧四种元素，则翡翠应该是无色或白色的。

2）多彩的翡翠

纯净的硬玉是无色的。实际上，翡翠是化学成分很复杂的玉石。所以，宝石要有颜色，往往含有色素离子。所谓色素离子就是Fe、Cr、Ni、V、Ti、Cu、Mn等元素。翡翠中常见的色素离子如图4-41所示。

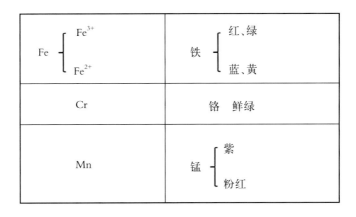

图 4-41　致色元素

4. 描述翡翠颜色的方法

从物理意义上讲,颜色意味着一定波长范围的电磁波辐射。当这种电磁波刺激我们的视觉神经时,就产生了颜色。

从物理学中我们知道,电磁波辐射中可见区的波长范围介于 390～770nm 之间。从长波向短波方向,依次呈红、橙、黄、绿、蓝、靛、紫七色,白光就是由这七种色光混合而成的。

翡翠颜色繁多,变化多端,对于如何正确地观察和描述颜色,在鉴定和评估翡翠中很重要。行业上对翡翠颜色的描述方法如下。

(1)比拟法。比拟法是指以物的颜色形容翡翠的颜色。例如:苹果绿、秧苗绿、菠菜绿、鸭蛋青等。但是,这种方法不准确且不科学。

(2)二名法。如果是两种颜色的混合色,则可命名为黄绿色、褐红色等。如果是同种颜色,而在色调上有深浅浓淡之分时,则可命名为深红色、淡绿色等。

(3)四名法。即以正、浓、鲜、均四个方面来表述翡翠的颜色。这种方法比较全面,行业上采用较多。

a.正指颜色的纯度,无其他色的混合。色正的反面是偏色,翡翠绿色往往会混合黄色或蓝色,若混合较少的黄色,则呈带黄色的绿色;若混合较多的黄色,则称之为偏黄色。油青种翡翠的绿色明显不纯,含有灰色、蓝色的成分,较为沉闷,不够鲜艳。多数翡翠的色调都会有偏差。在绿色色偏的几种情况下,偏黄色调要远优于偏蓝色调。

b.浓指颜色的饱和度,即颜色深浅(图 4-42)。颜色太淡的翡翠,很难有高价值;若颜色太深会显得颜色暗。如果饱和度最高为 100% 的话,用肉眼观察,一般认为颜色饱和度达 80% 为最佳。不同地区的人对颜色深浅的喜好不同。

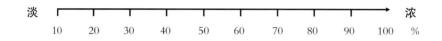

图 4-42　颜色饱和度分级

c. 鲜指颜色的鲜阳度。鲜阳度越高,翡翠价值越高。缅甸翡翠质量最好的其中一个原因是缅甸翡翠鲜阳度普遍较高,而危地马拉翡翠原料普遍颜色较暗。

d. 均指颜色分布的均匀度。翡翠的颜色往往不均匀。颜色均匀度可以描述为:①均匀;②不均匀;③斑状;④脉状;⑤点状。

第五章 / 翡翠品种分类

俗话说"千种玛瑙,万种玉"。翡翠有多少种,没有人能说清楚。由于翡翠是多矿物、多颜色、多晶质的集合体,它的种质变化多端,加之自身对翡翠行业研究不够系统、深入,因而很难进行统一分类。目前市面上对翡翠品种的命名十分混乱,影响了人们对翡翠的认识,甚至影响到市场的交易。笔者认为有必要建立统一分类标准。经多年研究总结,笔者认为翡翠品种命名的标准因素不外乎颜色特征、透光性、结构。按照颜色、透光性、分布特征分类,既能沿用前人所用名称,又有一定的专业依据。本章介绍目前市场上主要的翡翠品种。

一、白色翡翠系列

白色翡翠是指不带有彩色色调的翡翠,化学成分纯净,接近硬玉的理想成分 $NaAl[Si_2O_6]$,不含任何致色元素。矿物组成主要为硬玉,可含少量的钠长石、钡长石,有不同粗细的颗粒,具不同的透光性。

其品种按照透光性可分为如下几种。

1. 玻璃种翡翠(图5-1)

(1)颜色:无色。

(2)光泽:在白光下肉眼观察,光泽十分耀眼。用手电筒照其内部有起莹现象,即内全反射现象。

(3)透光性:透光性佳,肉眼观察,十分清澈,如玻璃;灯光下显得晶莹剔透。

(4)结构:由极细粒无色硬玉组成,结构细腻,呈纤维状,可见一些纹路,但肉眼几乎看不见颗粒。在高倍显微镜下观察,微晶具有一定排列方向。

(5)内含物:干净,有的可能会含有尘状极细粒白黄色点和棉,白色包裹体为钠长石。

图5-1 玻璃种翡翠

(6)紫外荧光下:一般无荧光。

(7)产地:玻璃种翡翠稀有,多数产于缅甸摩西砂和木那一带。产量极少,多数有裂纹。至今在俄罗斯、危地马拉未发现宝石级玻璃种翡翠。

(8)用途:通常用来制作手镯、蛋面、吊坠等各种饰品。

2. 冰种翡翠(图5-2、图5-3)

(1)颜色:白色或无色。

(2)光泽:在白光下观察,呈玻璃光泽,但无玻璃种翡翠耀眼,无起莹现象,类似磨砂玻璃。

(3)透光性:次透明,透光性次于玻璃种翡翠。

(4)结构:质地细,晶粒较玻璃种翡翠粗些,肉眼可看到少许颗粒,但边界不清。它的晶粒

图 5-2　冰种翡翠（一）

图 5-3　冰种翡翠（二）

结构由纤维状和少量粒状结构组成。

（5）紫外荧光下：一般无荧光。

（6）内含物：若有灰色细尘状物质、棉絮状物质及白花（钠长石），会导致透光性降低。可按内含物多少、有无裂纹进行翡翠分级。

（7）用途：用于制作手镯、挂件等。

（8）产地：缅甸矿区分布较广，市场价比玻璃种翡翠低。

3. 糯种翡翠（图 5-4）

（1）颜色：白色，色调上有时可能微带紫色。

（2）透光性：透光性中等，半透明。

（3）光泽：玻璃光泽，次于冰种翡翠，有滋润感。

（4）结构：肉眼可见晶粒，但晶粒边界模糊不清，晶粒粗细介于冰种翡翠和豆种翡翠之间，粒状结构，质感比豆种翡翠佳，有如煮熟的糯米的观感可能由重结晶结构引起，因而得名。

（5）紫外荧光下：一般无荧光。

（6）用途：通常用来制作手镯、吊坠。市场价格低于冰种翡翠。

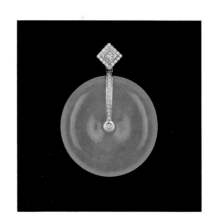
图 5-4　糯种翡翠

4. 白豆种翡翠（豆种翡翠）（图 5-5、图 5-6）

（1）颜色：白色。

（2）透光性：透光性较差，几乎不透明（冰豆种翡翠例外）。

（3）光泽：玻璃光泽。

（4）结构：较粗，可见晶体晶粒呈短柱状，晶粒边界清晰，看起来像一粒一粒绿豆。具有明

图 5-5　白豆种翡翠(一)　　　　　　　图 5-6　白豆种翡翠(二)

显的翠性。白豆种翡翠的晶粒粗细不同,有粗的白豆种翡翠和细的白豆种翡翠,其市场价格有差别。有一定透明度的白豆种翡翠称为冰豆种翡翠,其级别较高。

(5)紫外荧光下:一般无荧光。

(6)用途:常用来制作雕件及低档首饰。

(7)产地:分布广,除缅甸出产外,俄罗斯、危地马拉均有出产。

二、紫色翡翠系列

紫色翡翠又称紫罗兰翡翠,云南一带的人们称紫色翡翠为春色翡翠。紫色翡翠系列可呈现不同色调的紫色、蓝紫色、粉紫色、茄紫色、红紫色等。它们有不同的结构,显示不同的水头(透光性)。但它们有共同的特点:化学成分比较纯,主要为$NaAl[Si_2O_6]$,含有少量铁(Fe)、极少量的锰,几乎不含铬(Cr)。紫色翡翠主要由硬玉矿物组成,含有少量的钠长石。行业上的俗语"十春九木"指的是紫色翡翠水头(透光性)较差,未见玻璃地紫色翡翠出现,多为豆地、糯地紫色翡翠,极特别情况下才出现冰地紫色翡翠,这与紫色翡翠颜色形成方式有关。过去中国人不重视紫色翡翠,所以紫色翡翠的价格不高。西方人却独爱紫色翡翠,很多国家王室均把紫色当作高贵的帝王色。日本王室也喜爱紫色。西方人还认为紫色是充满浪漫的色彩,因此紫色翡翠极受西方市场欢迎。现在的中国市场上,越来越多的人喜爱紫色翡翠,尤其是青年人。紫色翡翠的颜色在照明光线下有较明显反应,黄光下面看会显得紫色较深,白光下面看则比较淡。

按色调不同,可将紫色翡翠分为以下几个品种。

1. 蓝紫色翡翠(图5-7、图5-8)

(1)颜色:紫色带蓝色色调,颜色浓度由浅至深。

图 5-7　蓝紫色戒指

图 5-8　蓝紫色翡翠挂件

蓝紫色晶粒呈点状分布,出现白色包围紫色的现象。颜色分布不均匀,原料上可见蓝紫色成团块状、斑状星点分布,从未见根色出现。

(2) 透光性:多为不透明至半透明,即水头较差,除了细粒者,"十春九木"主要指蓝紫色翡翠。

(3) 光泽:玻璃光泽,光泽质量与质地粗细、抛光情况有关。

(4) 紫外荧光下:一般无荧光。

(5) 查尔斯滤色镜下:不显示红色。

(6) 结构:粒状结构,晶粒粗细不一,翠性明显,具有豆底的蓝紫色翡翠常称为紫豆。

(7) 用途:用来制作各种饰物。紫色翡翠项链,一般颜色浓、价值高。但这种品种很难做成蓝紫色手镯。其价值与颜色、浓度、晶粒粗细有关。

2. 粉紫色翡翠(图 5-9)

(1) 颜色:紫色带粉红色色调,有的紫色色调多于粉红色色调;有的则相反,粉色多于紫色。一般情况下其颜色虽然比较淡,分布却比较均匀,又称为藕粉色。比较特别的是在黄光下观察粉紫色翡翠,其颜色会呈现一定变化,即颜色会产生变浓、变红、变亮的效应。

(2) 透光性:半透明,一般呈糯地,具有冰底的粉紫色翡翠已很少见,较蓝紫色翡翠的透光性好。粉紫色翡翠属于水头最好的紫翡翠。

(3) 光泽:玻璃光泽。

图 5-9　粉紫色翡翠戒指

(4)结构:比较细,颗粒界线不是太明显,似糯种翡翠的结构。

(5)紫外荧光下:一般无荧光。

(6)查尔斯滤色镜下:不显示红色。

(7)内含物:内含物杂质均较少,底较干净。变色效应明显,白光之下颜色很淡,黄光之下呈较深的粉紫色。

(8)用途:用于制作各种饰物,如可制成全紫色手镯,受年轻人喜爱。

3. 茄紫色翡翠(图5-10、图5-11)

(1)颜色:分布较均匀,但较暗,如混有灰色的紫色翡翠。

(2)透光性:透光性较佳,往往有"糯底"的特点。极少有冰地翡翠。

(3)光泽:玻璃光泽。

(4)结构:结构较细,细粒至中粒,具有纤维状和粒状结构。

(5)紫外荧光下:一般无荧光。

(6)查尔斯滤色镜下:不显示红色。

(7)内含物:可见细针点状及纤维状灰色内含物,这可能是此种紫色翡翠具有颜色发暗及带有偏灰色调的特点的原因。

(8)用途:用来制作各种饰物。

图5-10　粉紫色翡翠手镯

图5-11　茄紫色翡翠吊坠

三、绿色翡翠系列

绿色翡翠系列分为满色和不满色两个亚系列。

满色的翡翠按照深浅鲜暗可分为:老坑种、干青种、铁(天)龙生种、油青种、芙蓉种、豆青种。

不满色的绿色翡翠又分为:飘花种、金丝种、花青种、白底青种等。

1. 老坑种翡翠(图5-12、图5-13)

提起"老坑种",许多人脑海里就会浮现出顶级翡翠的形象。之所以会有这样的联想,原因在于:中国人讲究根基和传统,有念旧和怀古的情结,所以年份越老的翡翠,越有历史,越有故事,也越有深意。在翡翠行业中最早开采的翡翠坑口是河流沉积砂矿,此种翡翠质地细、水头佳、颜色好,被称为老坑种。后来开采的坑口中的翡翠质量就没有那么好了,尤其是原生矿的翡翠原料质量参差不齐,因此将顶级翡翠称为老坑种,一直在行业上延续下来。

图5-12 老坑种翡翠(一)

图5-13 老坑种翡翠(二)

老坑种翡翠指的是翡翠中的上品,其质地细腻纯净、无瑕疵,颜色呈纯正、明亮、浓郁、均匀的翠绿色。老坑种翡翠是比较吸引人的翡翠品种,常用于制作高档首饰。

(1)颜色:有一定浓度的绿色,但深而不暗,较鲜艳。纯正的绿色不偏灰色并可带一些黄色,色泽鲜艳,分布均匀。

(2)透光性:半透明至透明。

(3)光泽:强玻璃光泽。

图5-14 老坑玻璃种翡翠

(4)结构:比较细腻,结构紧密,属玻璃地翡翠(图5-14)。

(5)产地:大多在缅甸的次生矿床中产出,而缅甸翡翠次生矿床开采时间较早,因此称为老坑。

(6)紫外荧光下:一般无荧光。

(7)查尔斯滤色镜下:不显示红色。

(8)用途:常用来制作高档光身的首饰。

2. 干青种翡翠(图5-15)

干青种翡翠属于钠铬辉石质翡翠。

(1)颜色：几乎呈满绿色，颜色浓艳，由钠铬辉石致色，颜色深浅与铬的含量有关。钠铬辉石若含量多时，颜色深，呈现黑色，黑色翡翠称为黑干青；铬含量适当时，呈现鲜绿色，比较受市场欢迎。

(2)透光性：比较差，几乎不透明，故名干青。切薄时呈现一定透光性，颜色鲜艳，行业上称之为"薄水货"，云南一带行家称之为"广片"。

图5-15　干青种翡翠

(3)光泽：玻璃光泽。

(4)结构：粒状结构，粗粒至中粒，较少见细粒。

(5)紫外荧光下：一般无荧光。

(6)查尔斯滤色镜下：不显示红色。

(7)内含物：往往有金属黑点，即铬铁矿和镁钠闪石，其周围可见绿色环带。

(8)用途：往往用来制作较薄的首饰。云南人又称这种翡翠为"广片"，广东人常将此种翡翠用来制作薄片状的翡翠成品。其颜色呈鲜绿色，也很美丽。颜色较均匀干青种翡翠常用于制作珠链。

3. 铁(天)龙生种翡翠(图5-16、图5-17)

(1)颜色：铁(天)龙生种为缅甸语翻译的名称，意思是"满绿"，一般指呈较鲜艳的绿色，深浅有变化。铁(天)龙生种翡翠的颜色比干青种翡翠浅。

(2)透光性：较差，属于不透明，半透明者较少，但质细者也只有半分水。

(3)光泽：玻璃光泽。

(4)结构：粒状结构，与一般豆种翡翠不同是，它具等粒结构，多数晶粒较粗，少量晶粒质地比较细，属于级别比较高的品种。

图5-16　铁(天)龙生种翡翠

图5-17　铁(天)龙生种翡翠扳指

(5)紫外荧光下:一般无荧光。

(6)查尔斯滤色镜下:不显示红色。

(7)内含物:往往含有白花,有的含有较多黑点。

(8)用途:行业上称有色无种的原料为"薄水货",质量有高有低。在原料质量方面,行业上根据颜色鲜暗、质地粗细、水头长短、杂质和裂隙多少,将铁(天)龙生种翡翠分为八个级别:一级铁龙生种翡翠的颜色为翠绿色且透明度较高;二级铁龙生种翡翠的透明度仅次于一级;三级、四级铁龙生种翡翠的内部晶体为细粒至中粒;五级、六级、七级铁龙生种翡翠的内部晶体为中粒至粗粒;八级铁龙生种翡翠的内部白花和裂纹都较多。质地粗、水头差的翡翠则多用来制作B货翡翠。

(9)产地:缅甸北原生矿。

4. 油青种翡翠(图5-18)

(1)颜色:颜色不是纯的绿色,掺有啡色或带一些蓝色,呈较暗的绿色,颜色深浅不一,给人一种沉闷感。它的颜色可以由浅至深,是一种含绿辉石的硬玉质翡翠。

(2)透光性:一般较好,有一定的水头。

(3)光泽:表面光泽似油脂光泽,因此称为油青种翡翠。

(4)结构:晶体形状往往呈纤维状,也有粒状,颗粒较细,有一定水头。

(5)紫外荧光下:一般无荧光。

(6)查尔斯滤色镜下:不显示红色。

(7)用途:常常用来制成手镯、戒面或一些雕件。油青种翡翠比较受北方人欢迎。质量有高有低,但往往不能列入高价首饰的行列。

(8)产地:缅甸、危地马拉、俄罗斯。

图5-18 油青种翡翠

根据颜色、浓度的差异,结构的不同,行业上进一步将油青种翡翠细分为以下几个亚品种。

a.瓜皮油青种翡翠指颜色浓度大,类似冬瓜皮的油青。质地细者,行业上称之为老油青种翡翠。

b.油翠种翡翠指油青种翡翠在灯光照射下,呈现鲜艳的油青色,含有一定铬的油青,价值较高。

c.油豆种翡翠指具有粒状结构的油青种翡翠。

5. 芙蓉种(图5-19)

(1)颜色:为淡绿色,颜色不浓,也不暗,绿得

图5-19 芙蓉种翡翠

较纯正并且颜色分布较均匀。

(2)透光性:中等,在冰地翡翠至糯地翡翠之间,种虽不是很透,但有滋润感。

(3)光泽:玻璃光泽。

(4)结构:肉眼可见颗粒状物质,但看不清颗粒的边界,所以没有豆种翡翠粗糙的感觉。

(5)紫外荧光下:一般无荧光。

(6)查尔斯滤色镜下:不显示红色。

(7)用途:可制作成手镯、挂件。

(8)产地:缅甸。

6. 豆青种(冰豆、彩豆、甜豆、猫豆种)翡翠(图5-20)

顾名思义,豆青种翡翠主要指具有明显粒状结构的翡翠。

(1)颜色:豆种翡翠主要以粒状结构为特征,易生色,颜色为淡绿—深绿色,从鲜至暗都有。

(2)透光性:差—中等。

(3)光泽:玻璃光泽。

(4)结构:细至粗的粒状结构,晶形呈短柱状,颗粒边界明显。

(5)紫外荧光下:一般无荧光。

(6)查尔斯滤色镜下:不显示红色。

(7)用途:由于颜色分布面积大,多用来制成手镯,较少用来制成挂件。

图5-20 豆青种翡翠手镯

行业上认为翡翠"十有九豆"是有道理的,因为硬玉结晶多呈短柱状。豆种翡翠可根据颜色及结构粗细进一步分为几个亚种:冰豆种翡翠,有一定透光性的豆种翡翠;彩豆种翡翠,多颜色的豆种翡翠;甜豆种翡翠,颜色鲜艳的豆种翡翠;等等。

7. 雷劈种翡翠(图5-21)

雷劈种翡翠,这个名称很形象,因这种翡翠有许多次生裂纹,就好像被雷劈过一样。

(1)颜色:具有一定的绿色。

(2)透光性:透明至半透明。

(3)结构:由于裂纹很不规则,又无方向性,无法避开,只能用于制作小件成品,属于低价货。雷劈种翡翠的裂纹性质是张性裂纹,分布无一定方向,呈现一种龟裂纹的特征。这种形式的裂纹大多出现在出露地表的岩石中,这是由翡翠露出地表的部分长期受到较大的日夜温差的影响所致。翡翠传热

图5-21 雷劈种翡翠的裂纹

性慢,白天外部受到日晒形成的高温慢慢转向内部,直到夜晚内部还是热的,这时外部气温已转冷,形成内热外冷、内部膨胀、外部收缩的情况,天长日久,慢慢使翡翠产生了层层剥落及不规则的龟裂纹现象。

8. 飘花种翡翠(图5-22、图5-23)

飘花种翡翠是指颜色分布不均匀的翡翠。

"飘花"主要是指绿色的分布形式及特征。

(1)颜色:浅色的底上,绿色呈孤立的点状或不规则状分布,颜色之间互不相连,似浮在地子上。一般飘花面积占飘花种翡翠表皮总面积的30%～40%,这是与花青种翡翠的不同之处。市面上有不同地子的飘花种翡翠。

飘花种翡翠的绿色各不相同。若绿色是鲜绿色,称为飘绿花,价值较高;若绿色偏蓝色,则称为飘蓝花,价值较低。更重要的是根据不同的地子,可以有不同地子的飘花种翡翠,如玻璃地翡翠、冰地翡翠、糯地翡翠、豆地翡翠等。此外,颜色分布面积也是区分不同地子飘花种翡翠的依据之一。

(2)用途:多用来制作成手镯。

图5-22 冰地飘花种翡翠手镯

图5-23 冰地飘花种翡翠怀古

9. 金丝种翡翠(图5-24)

(1)颜色:绿色呈丝状分布,平行排列,并沿一定方向间断出现。绿色的条带可粗可细。金丝种翡翠的地子可以有不同的类型。当然玻璃地的金丝种翡翠最少,价值最高。

(2)紫外荧光下:一般无荧光。

(3)查尔斯滤色镜下:不显示红色。

(4)用途:常用来制作手镯及挂件。

金丝种翡翠的质量可根据绿色条带的色泽和绿色条带所占的比例,以及质地粗细的情况而定。从颜色条带来看,颜色条带粗,占面积比例大,颜色又比较鲜艳的,价值就高;相反颜

图5-24 金丝种翡翠

色条带稀稀落落,颜色又较浅的价值较低。

10. 花青种翡翠(图5-25)

花青种主要指颜色分布的类型。凡是绿色分布不均匀的翡翠可统称为花青种翡翠。

(1)颜色:绿色分布呈脉状或斑状且非常不规则。底色可能为淡绿色或其他淡颜色。绿色分布面积比飘花种翡翠多。颜色可鲜也可暗,与飘花种翡翠及白底青种翡翠有区别。

(2)结构:质地可粗可细。质地细、水头足的花青种翡翠,颜色等级显得更高。

(3)紫外荧光下:一般无荧光。

(4)查尔斯滤色镜下:不显示红色。

(5)亚种:花青种翡翠可以进一步分为豆地花青种翡翠、冰地花青种翡翠、油地花青种翡翠等,玻璃地花青种翡翠十分珍贵,可根据绿色的鲜艳度来决定其价值。

(6)用途:用来制作手镯、挂件等。

图5-25　花青种翡翠

11. "八三"种翡翠(图5-26)

"八三"种翡翠,又称"八三花青"种翡翠,它是香港行家在缅甸原料拍卖会上对一种翡翠新种的命名。这种翡翠原料因于1983年在原料拍卖会上大量出现而得名,属于原生矿。开始大陆市场将它误称为"巴山"种,缅甸市场称为"诗玛"种,以发现人的名字命名。它与一般花青种翡翠的不同之处在于其底色白中带有淡紫色斑,绿色很少,只有不规则分布的暗绿色斑。质地粗,多为粗豆地,而且透光性很差,呈现不透明。

(1)矿物成分:除硬玉以外,含有一定量钠长石,暗绿色飘花种翡翠含有绿辉石及角闪石。

图5-26　"八三"种翡翠

(2)结构:粒状结构,多为粗粒集合体。

"八三花青"种翡翠原料多为大块原料且储量大,需用机器大量开采。用它制作B货翡翠能较好地提高透光性,吸引消费者。在过去一段时期,人们还未认识B货翡翠时,曾经大量使用"八三花青"种翡翠原料制作B货翡翠手镯售卖,引起市场混乱。

12. 白底青种翡翠(图5-27)

白底青种翡翠在缅甸翡翠中分布较广泛,为原生矿的一种,此类翡翠多为山料。白底青种翡翠的特点是雪白的地子上分布着鲜绿色的斑点。

(1)颜色:白底青种翡翠的绿色是较鲜艳的,底色较洁白,显得绿白分明。绿色部分大多数呈团块状、斑点状出现。电子探针分析结果显示,绿色部分含有铬成分,所以呈现浓艳的绿色,白色地子为纯的硬玉。

(2)透光性:大多数不透明。

(3)结构:地子质地较粗,常为中粒至粗粒的粒状结构。

(4)紫外荧光下:一般无荧光,但有的底色会呈现荧光。

(5)查尔斯滤色镜下:不显示红色。

(6)内含物:底色中有时也会有一些杂质。

(7)产地:白底青种翡翠产于缅甸的"多磨矿床"。该矿床为开采时间最早的坑口,原料具无风化外皮。

(8)用途:多用来制作手镯、吊坠。

图5-27 白底青种翡翠

四、黑色翡翠系列

黑色翡翠系列指黑灰色至深墨绿色系列的翡翠。

1. 乌鸡种翡翠(图5-28、图5-29)

(1)颜色:乌鸡种翡翠为灰黑色至黑灰色,颜色不是全黑,因黑色底色带有白点,颇似黑乌

图5-28 乌鸡种翡翠

图5-29 乌鸡种翡翠手镯

鸡的皮而得名。色调不均匀,部分黑色翡翠不同程度地带有灰绿色色调。

(2)透光性:透光性差。微透明至不透明,但极少数有较好的地子。

(3)光泽:玻璃光泽,部分样品不同程度的具有油脂光泽。

(4)矿物组成:主要由硬玉矿物组成,含有5%～10%黑色有机碳及黑色金属矿物。

(5)结构:多数颗粒较粗,颗粒呈短柱状,中粒至粗粒结构,解理面呈星点状闪光,即"翠性"明显。这种翡翠在形成过程中由于有机碳和黑色金属物质呈不规则状、串状充填于翡翠硬玉解理裂隙或粒间孔隙中而致色,其颜色是一种原生色。黑色物质为非晶质有机碳,由海底微生物死亡后的残骸而形成,推测其形成环境与洋壳俯冲有关。

(6)紫外荧光下:一般无荧光。

(7)查尔斯滤色镜下:不显示红色。

(8)用途:多用来制作手镯和一些古色古香的雕件。

(9)产地:缅甸。

2. 墨翠(图5-30、图5-31)

(1)颜色:墨绿色的翡翠,在反射光下,经抛光的玉料呈黑色或黑绿色,在透射光下显示绿色、亮绿—暗绿色,十分特别,颜色反差越大越受市场欢迎。

(2)矿物组成:主要由绿辉石组成,可含有少量的硬玉。绿辉石矿物多色性强(蓝绿色/咖绿色),相对密度、折射率比硬玉略高一些。

(3)透光性:次透明至半透明,一般透光性较好,是黑色翡翠中透光性最好的品种。

(4)光泽:强玻璃光泽。

(5)结构:多为纤维结构,也有纤维粒状结构,细粒—中粒。

(6)紫外荧光下:一般无荧光。

(7)用途:一般会将质量较好的墨翠做成光身的首饰,质量较差的做成各种雕件。由于很难将裂纹较多的原料做成大件首饰,因而在市场上较少见到墨翠手镯。

(8)产地:质量好的墨翠多出产于缅甸,在危地马拉也发现了不少墨翠。

图5-30　墨翠观音

图5-31　墨翠

3. 黑干青种翡翠(图5-32)

(1)颜色：乌黑，颜色均匀。在强光中贴近观察可见到透出的鲜绿色，特别是较薄部分仍然可见鲜绿色。其颜色浓度高于绿色干青种翡翠。

(2)矿物组成：主要由钠铬辉石组成，可含有少量硬玉及铬铁矿、镁钠闪石。

(3)透光性：较差，基本上不透明，但在极薄的情况下，显示微透明。

(4)光泽：一般光泽较差，若含有细粒的铬铁矿且均匀分布，抛光后呈现金属光泽。往往可见粒状铬铁矿与深绿色的矿物钠铬辉石及镁钠闪石成环带交代现象，可作为鉴定的标志。

图5-32　黑干青种翡翠

(5)结构：中粒至粗粒结构，也有少量呈现纤维粒状结构，还可见粒状镶嵌结构。

(6)紫外荧光下：一般无荧光。

(7)查尔斯滤色镜下：不显示红色。

(8)用途：硬度低(摩氏硬度为5～5.5)，脆性大，易裂，主要用来制作由圆珠串成的珠链或雕成古色古香的雕件，产量少。

五、黄色、红色及多色翡翠系列

1. 黄翡(图5-33)

黄翡顾名思义为呈现黄色的翡翠。

(1)颜色：褐黄色，颜色色调及深浅变化较大，纯黄色者较少。它往往带些褐色，黄色以粟子黄为最佳，属次生色。黄翡由褐铁矿致色。颜色的好坏取决于褐铁矿的纯度，判断质量高低要以其地子的粗细与透光性作为参考因素。若地子为冰地，颜色为较纯的黄色，则称为冰黄翡翠，属于稀有品种。

(2)矿物组成：主要由硬玉矿物组成，孔隙中含有褐铁矿、针铁矿、氧化铁矿物。

(3)结构：结构可粗可细，多晶质集合体多为豆地翡翠。冰地最佳，称为冰黄。

(4)产地：缅甸，半山半水石中。

图5-33　黄翡

2. 红翡(图5-34)

红翡是红色翡翠的简称,包含黄红色、橙红色、褐红色等各种融有红色的翡翠。红翡的颜色是由外来铁质矿物元素进入翡翠晶体间的缝隙而形成的,属于翡翠的次生色。

(1)颜色:一般呈棕红色、橘红色,颜色有深有浅,几乎没有鲜红色。较少分布于黄翡层之下,断断续续出现,行业上称之为红雾或红糊。

(2)透光性:与其地子有关,多数为半透明,甚至不透明。

(3)光泽:与其地子有关,一般为玻璃光泽。

(4)结构:多为中粒粒状结构,细粒结构较少。

(5)矿物组成:以硬玉矿物为主,含有赤铁矿、氧化铁矿物等。

(6)紫外荧光下:一般无荧光。

(7)用途:多用来制作戒面、挂件、手镯,满红色手镯稀有。

(8)产地:缅甸,半山半水石原料中及达木坎坑口的水石中。在俄罗斯、危地马拉的翡翠产地未见。

图5-34　红翡

3. 紫青色翡翠(图5-35)

(1)颜色:在紫色翡翠地子中,分布不规则的绿色,因此称为紫青色翡翠。绿色多数比较淡。

(2)透光性:半透明。

(3)光泽:玻璃光泽。

(4)矿物组成:以硬玉矿物为主。

(5)紫外荧光下:一般无荧光。

图5-35　紫青色翡翠

(6）查尔斯滤色镜下：不显示红色。
(7）用途：多用来制作手镯，受市场欢迎。
(8）产地：缅甸。

4. 黄夹绿翡翠（图5-36）

一块成品中同时有黄色和绿色的翡翠，人们称之为黄夹绿，由具有黄皮的绿色翡翠原料加工巧雕而成。主要由硬玉矿物组成，质量取决于其颜色与地子，绿色部分越多，颜色越鲜艳，水头越足，越难得，价值也越高。黄夹绿翡翠多出现在水石中，有经验的雕刻师傅可利用其巧色设计并制作出无与伦比的雕件。

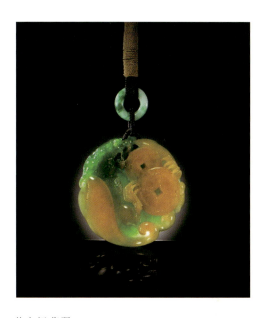

图5-36　黄夹绿翡翠

5. 福禄寿翡翠（图5-37）

福禄寿翡翠是指在一块翡翠中同时有三种颜色存在，但三种颜色必须是绿色、红色、紫色，人们一般认为这样的翡翠象征吉祥如意，代表着福禄寿三喜，即发财、升官、长寿。现在很难开采出具有这三种颜色的原料，而且制作出三种颜色能均匀分布的手镯更是难上加难。

图5-37　福禄寿翡翠

6. 三彩翡翠(图5-38)

三彩翡翠是指拥有三种不同颜色的翡翠,不一定是特定三色。可能是黄色、红色、绿色同时存在,也可能是用多彩色调设计的工艺品。

产地:出产于缅甸达木坎水石中。

图5-38　三彩翡翠

第六章 / 翡翠鉴定仪器

鉴定翡翠的真假不但包括区分与翡翠相似的矿物及赝品,还包括鉴别人工处理翡翠。鉴定翡翠的方法除了肉眼观察以外,还可利用大型珠宝检测仪器进行更准确的鉴定。本章节将着重介绍翡翠鉴定常规检测仪器及工具的使用方法。

一、用于放大观察的仪器

1. 放大镜

1)用途

我们鉴别翡翠时首先要用肉眼认真观察,但人的肉眼观察能力是有限的,更多时候需要放大数倍来做更详细的观察。放大镜是最常用、最简便的宝石鉴定工具,正确使用放大镜观察翡翠的表面及内部特征,不仅有助于区分天然翡翠、人工处理翡翠及似玉矿物赝品,还有助于判断翡翠的质量高低及加工的好坏(图6-1)。

2)结构组成

放大镜的成像原理:当物体移动到放大镜的一倍焦距以内的时候,在镜的同侧生成一个正立放大的虚像(图6-2)。另外,宝石鉴定中最常采用的放大镜不是只由一个简单的凸透镜组成,它一般由三个镜片组成的透镜组组成,最常用的为10×放大镜。25×、30×、50×的放大镜因放大倍数大、观察视野小、焦距短而相对难以操作。

图6-1 放大镜(10×)

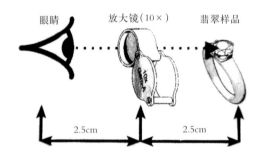

图6-2 使用10×放大镜时眼睛、放大镜和物体的理想距离

3)操作步骤

(1)一只手手持放大镜靠近眼睛,手面尽量贴在脸颊上。

(2)另一只手手持被观察的翡翠样品。

(3)为使操作员的眼睛与放大镜、翡翠之间保持固定距离(一般各相距2.5cm),要将持放大镜的手靠在脸上并使双手相互接触,将两肘或前臂放松倚在桌子上,其位置相对于眼睛保持不动。这样一来,翡翠不论用手指还是用镊子夹住,其位置相对于眼睛将保持不动。将手臂支撑在桌上并贴近身体,可以防止抖动。

(4)持宝石的手不动,另一只手转动调整放大镜至最清晰的距离位置,然后开始观察。

放大镜是操作最简单、携带最方便的小型仪器,也是每位从事翡翠珠宝专业工作人士的必备仪器。

2. 显微镜

1)用途

宝石显微镜的放大倍数比放大镜大得多,可以任意调整到几十倍,全面观察翡翠外部和内部细微情况,从而有助于正确判断翡翠的真假与质量的高低。

2)结构组成

珠宝鉴定实验室最常用的是立式双筒变焦显微镜,由以下几个主要部分组成(图6-3)。

(1)光学系统(透镜系统):目镜、物镜及变焦系统。

(2)照明系统:设有底光源和顶光源[底光源在载物台下方(发出黄光),顶光源在载物台斜上方(发出白光)]、电源开关和光量强度调节旋钮等。

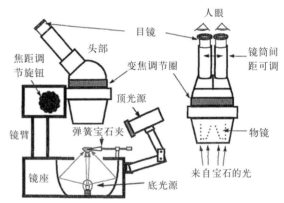

图6-3 宝石显微镜结构

(3)机械系统:支架、焦距调节旋钮、弹簧宝石夹等。

显微镜的放大倍数等于目镜放大倍数乘以物镜放大倍数,如目镜为10×,物镜为5×,则总放大倍数为50×。通常显微镜可以更换目镜和物镜。常见目镜的放大倍数有10×、20×,物镜放大倍数有1×、1.5×、2×和3×。

3)照明类型(图6-4)

为能更好地使用宝石显微镜,必须选择恰当的照明类型。可使用以下三种类型的照明:亮域照明、暗域照明和顶部照明(垂直照明)。

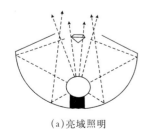
(a)亮域照明

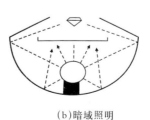
(b)暗域照明

(c)垂直照明

图6-4 照明类型

4)操作步骤

(1)调节显微镜焦距。

(2)清洁待测翡翠,用显微镜宝石夹夹住待测翡翠并置于载物台。

(3)宝石鉴定实验室使用的立式显微镜除了配有底光源和顶光源,还配有外置光纤灯。而常见的照明方式为暗域照明法、亮域照明法和顶部照明法,翡翠内部特征和外部特征的观察需要用不同的光源及照明方法——亮域照明和暗域照明都属于透射光照明类型,适用于透明至半透明的翡翠,如观察翡翠的内部特征及构造等。顶部照明法属于反射照明类型,用于检查翡翠的各类表面特征。

5)显微镜的应用

(1)放大观察的项目(包括放大镜和显微镜)。

a.颜色。即均匀度,观察颜色变化。

b.光泽。即明亮程度,如观察是否有玻璃光泽、金属光泽、油脂光泽、蜡状光泽或上下有无光泽的差异。

c.表面条件。即划痕、缺口、断口、延伸到表面的包裹体、涂层。

d.断口面特征。如贝壳状或参差状,贝壳状断口是玻璃仿制品的重要特征(图6-5)。

e.裂纹。即判断是裂还是纹。翡翠的裂是受外力作用所致,肉眼容易看出,用指甲剔蹭会有明显的阻涩感,而纹是翡翠内部的愈合裂隙,用指甲剔蹭不会有阻涩感。还可判断是原生裂还是树脂老化产生龟裂纹。原生裂纹分布比较深,树脂老化裂纹不规则,分布较浅且紧密,从而可判断样品有无经过浸酸处理。

f.表面净度。即有无表面的污迹、有无次生颜色。还可利用猫水(黄色)、污迹(黑色)判断翡翠有无经过浸酸、漂色的人工处理,翡翠净度的高低。或观察有无人为充填物,如树脂及染色剂。

图6-5 贝壳状断口

g.表面抛光程度观察。即表面抛光光滑程度。

(2)使用透射光观察翡翠的内部情况。

a.内含物。不同的宝石有不同的内含物。翡翠内含物与翡翠相似品的内含物是有区别的。例如:东陵石含有片状绿色的铬云母,而软玉中的碧玉往往含有黑色磁铁矿等。还可观察有无气泡,因为椭圆形气泡是玻璃的标志(图6-6)。

b.结构、构造。可以通过观察翡翠结构的类型是属于粒状结构还是纤维状结构,从而判断翡

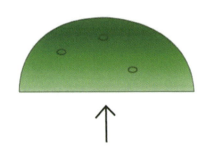

图6-6 气泡

翠的真假。还可观察翡翠结构有无受到破坏,若翡翠构造晶体排列保持原来的平行方向,说明其结构、构造没有遭到破坏。

二、紫外荧光灯

1. 用途

紫外荧光灯(图6-7)被广泛用于宝石鉴定中,是一种重要的辅助性鉴定仪器,在鉴别时可以快速地从荧光中初步显示出翡翠有无经过树脂处理。

2. 荧光产生的原因

(1)在天然矿物中,有部分矿物本身就可能具有荧光性,例如白钨矿、萤石、钻石。

(2)有的元素会激发荧光,如Cr、Mn等。材料中含有Cr、Mn容易有荧光。有的元素会压制荧光,例如铁(Fe)。

(3)有的有机宝石本身就可能具有荧光,如珍珠、琥珀、象牙等。还有一部分有机物也易产生荧光,如油、树脂、胶等。

A货翡翠如含油或其他激发荧光的物质也会呈现不同颜色的荧光。

B货翡翠因含有树脂而在紫外荧光灯下呈现粉蓝—奶白色荧光。深色翡翠因含铁多,即使含有树脂也不呈现荧光。

3. 操作步骤

实验员将待测翡翠置于紫外荧光灯箱内,选择长波(LW)紫外荧光或短波紫外荧光(SW),打开光源,观察翡翠的荧光效应(图6-8)。观察最好是在暗室进行,避免外在环境光线的干扰。

(1)清洁待测样品,以免表面杂质影响判断。

(2)将待测样品置于紫外荧光灯暗箱内的对应灯管正下方位置,选择一种波长[长波(LW)或短波(SW)],打开光源,同时将双眼紧贴紫外荧光灯目镜筒,观察宝石的荧光效应。

(3)观察结束后,关闭电源,取出待测宝石,记录样品的荧光效应,包括样品荧光的强弱、分布及颜色。

图6-7 手持式紫外荧光灯

图6-8 紫外光下观察荧光性

第六章 翡翠鉴定仪器

4. 灯下观察的项目

(1)要会区分样品呈现的是反射光(紫色)还是荧光的颜色。荧光是从内部放出的有色光波(图6-9)。

图6-9　B货翡翠在紫外荧光灯下的强荧光效应

(2)荧光的颜色区分标准如下。

粉蓝色→树脂(或膠)的荧光。

橙红—红色→油的荧光。

粉红色→紫色翡翠,染色。

发霉绿色→绿色翡翠(B+C)的荧光。

紫色→紫色翡翠(B+C)的荧光。

(3)荧光的分布特征判别标准如下。

点状分布→荧光矿物或含抛光粉的荧光。

条状分布→裂隙中有油或次生矿物充填的荧光。

片状分布→含有树脂。

颜色较浓的绿色翡翠即使含有树脂也无荧光。例如B货铁龙生种翡翠在紫外荧光灯下不显示荧光。

5. 注意事项

(1)紫外荧光对皮肤及眼睛会造成一定伤害,为避免直接接触紫外荧光,要注意在打开紫外荧光灯暗箱门前,确保灯源开关处于关闭状态。紫外荧光灯开着时,手不要伸进暗箱接触样品。

(2)要区分样品发出的光是反射现象,还是整体内部发出的荧光。宝石表面对紫外荧光的反射,会造成宝石发出紫色荧光的假象。荧光是宝石整体发出的光,而宝石刻面反光则光强不均匀,并且显得呆板。

(3)宝玉石的荧光效应只能作为一种辅助的鉴定证据。

三、滤色镜

1. 用途

查尔斯滤色镜是宝石鉴定中最常使用的滤色镜(图6-10),由英国宝石测试实验室研制。该滤色镜最初的设计目的是快速区分祖母绿及其仿制品,也称"祖母绿镜"。

查尔斯滤色镜允许大量深红色光和少量的黄绿色光通过,即宝石颜色中的红色光波基本全部通过,而绿色光波只有少部分通过。其主要功能是凸显红光,削弱绿光,屏蔽其他色光。其原理是若样品中含有较多铬元素时,经过滤色镜时绿色样品就呈现红色。查尔斯滤色镜常用于检测绿色的翡翠,所以翡翠行业上曾称之为"照妖镜"。天然绿色翡翠在滤色镜下不变色,而染色翡翠的绿色通常会变成红色。

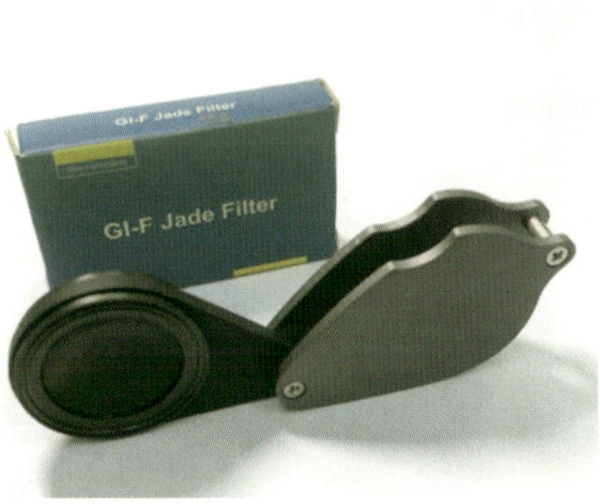

2. 结构组成

图6-10 查尔斯滤色镜

查尔斯滤色镜由一组仅允许深红色光和黄绿色光通过的滤色片组成,通过滤色镜观察物体,所有物体则只会显示红色或黄绿色两种颜色。

3. 操作步骤(图6-11)

(1)清洁待测样品,将样品置于白色背景上。
(2)使用单色黄光灯源可减少颜色误差。
(3)以反射光将光源贴近待测宝石样品,将查尔斯滤色镜紧靠眼睛,在距离样品30～40cm的情况下,观察宝石颜色的变化,并记录现象。

4. 查尔斯滤色镜的用途

目前查尔斯滤色镜主要用于辅助鉴别由铬、钴致色的蓝色和绿色宝石以及以铬、钴作为致色剂的合成和处理宝石。

常见的滤色镜下变红的绿色宝石基本都是铬致色的,包括祖母绿(印度、南非等除外)、钙铬榴石、翠榴石、绿色钙铝榴石、铬碧玺、绿东陵石、密玉等。

图6-11 滤色镜操作方法

5. 滤色镜在翡翠鉴定中的应用

(1)快速区分绿色翡翠颜色的真假。天然绿色翡翠在滤色镜下是不变红色的,而染绿色的翡翠由铬盐改色,在滤色镜下呈现红色或粉红色,染色剂越多,染的颜色越绿,则呈现的红色越浓,否则呈更淡的红色。

漂色、涂色翡翠(B+C)所用的涂色、染色剂的绿色在滤色镜下不会变红,因其染色剂有别于有机铬盐。(备注:目前有一些Ni盐染色的翡翠在查尔斯滤色镜下不变色)

(2)在鉴别翡翠相似品方面。东陵石(耀石英)在滤色镜下变红,由含铬云母引起;水钙铝榴石在滤色镜下也变红,由含铬元素致色。

四、分光镜

宝石的颜色是宝石对不同波长可见光选择性吸收的结果。未被吸收的残余色光混合构成宝石的体色。不同宝石的选择性吸收特征不同,与其结构和化学组成相关,尤其是与致色元素种类和价态有关。不同元素对可见光的吸收特征(波长和强度)不同,同一元素处于不同宝石中吸收特征也有差异。有些宝石具有特征的吸收光谱,即特征的吸收线、吸收带及其吸收强度。掌握这些特征,可以帮助我们鉴定宝石品种,推断宝石颜色成因。

1. 分光镜在翡翠鉴定中的应用

利用分光镜可以比较准确地区分绿色翡翠的颜色是天然绿色还是人工染色(图6-12)。还可以区分与翡翠相似的玉石。

图6-12 分光镜

2. 分光镜的结构

分光镜由目镜、光学原件、狭缝等组成,其中光学原件(三棱镜等)可将入射光分解成红、橙、黄、绿、青、蓝、紫这样的连续光谱,并排列在目镜视域中。

根据结构,通常可以将分光镜分为棱镜式分光镜和光栅式分光镜(图6-13)。棱镜式分光

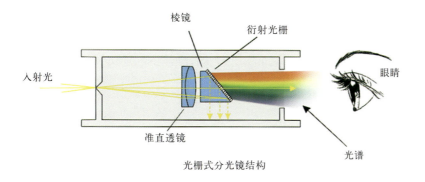

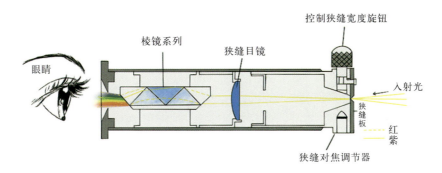

图 6-13　分光镜结构示意图

镜由两个典型的直角棱镜构建而成。光栅式分光镜由薄而平的玻璃光栅构成。

3. 操作步骤

清洁待测宝石样品,配合光纤灯等光源使用以达到更佳的观察效果(图 6-14)。观察时,确保光源、宝石、分光镜以及眼睛保持尽量贴近的距离。

(1)透射光法:适用于透明至半透明的宝石。将样品置于光源上方,确保足够的光线透过样品进入分光镜,通过分光镜筒观察光谱样式。

(2)内反射光法:适用于颜色较浅的透明宝石。宝石台面向下置于黑色背景上,调节入射光方向与分光镜的角度,增加光线在宝石中的光程,使尽可能多的光量经过宝石的内部反射后进入分光镜。

(3)表面反射光法:适用于不透明或因已镶嵌而限制了透射光通过的宝石样品。将待测宝石样品置于黑色背景上,光源直接照射在样品表面,调节入射光方向与分光镜的角度,使尽可能多的光量经宝石表面反射后进入分光镜。

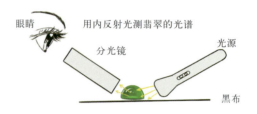

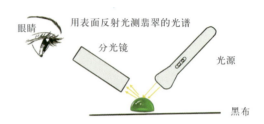

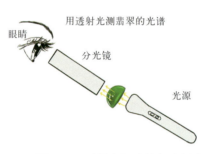

图 6-14　反射光与透射光示意图

4. 可观察到的现象及判定出的结果（图 6-15）

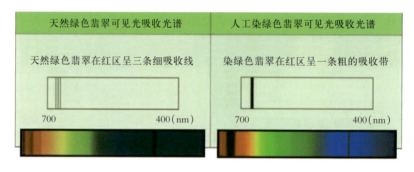

图 6-15　观察结果

5. 注意事项

（1）确保排除某些发射光如室内日光灯的光线进入分光镜而对观察造成的干扰和影响，应该在暗环境下使用分光镜。

（2）使用分光镜时，应选择光纤灯、白炽灯、手电筒作为照明光源，这些光源既不产生发射光谱，也不会有吸收光谱，不会造成干扰及影响观察、判断结果。

（3）宝石样品的大小、颜色的深浅以及透明度，都会影响分光镜的观察效果。观察者只有累积实践经验，并综合对宝石特征光谱等宝石学知识的认识，才能准确并有效地使用分光镜，达到测试及鉴定效果。

五、折射仪

1. 用途

折射仪是用来测定有光滑抛光面宝石的折射率的一种简便、快速的仪器。它主要用于鉴定刻面宝石，对于翡翠的真假鉴定也很有用（图6-16）。

图6-16　折射仪

2. 仪器结构

折射仪的结构是根据全内反射原理设置的。宝石折射仪主要由高折射率棱镜、棱镜反射镜、透镜和标尺及偏光片等组成。宝石折射仪的读数类型有内标尺读数和外标尺读数两种。常用的为内标尺折射仪，通过观察目镜内的标尺读出折射率数值。

3. 操作步骤

折射仪可以对具抛光刻面或弧面宝石的折射率进行测试。测量刻面宝石采用近视法，测量弧面或雕件形宝石（主要为玉石）采用远视法。

1）近视法（也称刻面法）操作步骤（图6-17）

使用近视法测试刻面宝石的步骤如下。读数可精确到小数点后第三位。

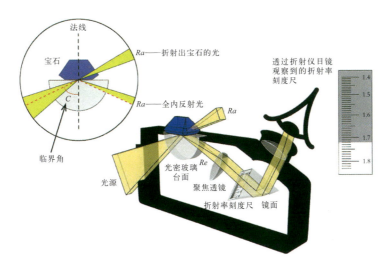

图6-17　折射仪近视法

(1)清洁待测宝石和棱镜。

(2)打开光源,通过目镜观察视域的明亮和清晰程度。

(3)取一小滴接触液点在棱镜中央,接触液分量以液滴直径约2mm为宜。

(4)选择待测宝石最大、最平坦的刻面(一般是台面),置于金属台上。

(5)将宝石轻推至棱镜中央,使之通过接触液与棱镜产生良好的光学接触。

(6)眼睛贴近目镜以观察视域内标尺的明暗分界线,读数并记录。

(7)用手指轻轻转动宝石360°,每转动45°进行一次观察,读数并记录。转动角度也可按照观察者的经验和宝石的情况而定。

(8)测试完毕,将宝石轻推回至金属台上后取下。

(9)清洗宝石和棱镜。清洗棱镜时要注意沿着一个方向擦洗,避免划伤棱镜。

按照以上方法和步骤可以准确地测试出刻面宝石的折射率值和双折率。

2)远视法(也称点测法)操作步骤(图6-18、图6-19)

使用远视法测试弧面宝石、珠子或手镯雕件等的步骤如下。

(1)清洁待测宝石和棱镜。摘下目镜筒上的偏光镜片圈。

(2)打开光源,通过目镜观察视域的明亮和清晰程度。

(3)取一小滴接触液点在金属台上。

(4)要让宝石弧面最突出的小面接触金属台上的接触液滴,蘸在待测宝石上的接触液滴直径约0.2mm为宜,越小滴越好,液滴太大会导致不易得到清晰而准确的读数。

(5)将蘸有液滴的宝石弧面或最突出的小面置于棱镜中央,使宝石通过接触液与棱镜产生良好的光学接触。

(6)眼睛距离目镜30~45cm,通过目镜观察视域内标尺。这时观察者会看到标尺上呈圆形的液滴影像。

(7)前后移动平行目镜头部,直到液滴在标尺上的影像呈半明半暗时,观察明暗交界处的读数。读数可精确到小数点后第二位。读数值即折射率。若液滴的影像不是圆形,说明样品与液滴的接触方式不正确,或者样品的弧度不够。

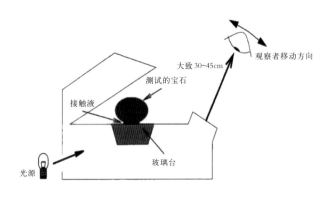

图6-18 折射仪远视法

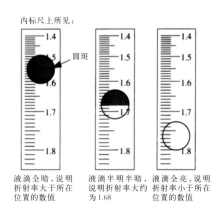

图6-19 折射仪反射法

4. 翡翠与翡翠相似品的折射率值对比（表6-1）

表6-1　翡翠与翡翠相似品的折射率值

翡翠	1.690（+0.020，-0.010）
软玉	1.606～1.632
蛇纹石玉	1.560～1.570
钠长石玉	1.52～1.53
东陵石（耀石英）	1.544～1.560
染色石英岩	1.533～1.544
绿玉髓	1.53～1.54
水钙铝榴石	1.670～1.730
天河石	1.522～1.530

5. 注意事项

（1）折射仪通常用于测试表面抛光情况良好的宝石的折射率。

（2）测试范围因所用折射仪棱镜和接触液而异，通常情况下折射率为1.35～1.81。

（3）高折射率玻璃棱镜的硬度较小，使用时尽量小心轻放，以免在棱镜上留下划痕。

（4）接触液使用要适量。由于接触液密度很大，若点得过多，密度较小的宝石会漂浮；若点得过少，则不能使宝石与棱镜产生良好的光学接触。

（5）旋转宝石测试时，要注意始终保持宝石与棱镜紧密的光学接触。

（6）读数时，姿势要正确，视线要垂直于标尺。

六、偏光镜

1. 用途

偏光镜是一种操作容易，并对鉴别均质体、非均质体和多晶质体宝石具有重要作用的宝石鉴定仪器，可帮助我们对透明度和净度较好的翡翠及某些仿品进行初步的筛选排查（图6-20）。

2. 结构

偏光镜主要是由上偏光片、下偏光片和光源组成，另配有玻璃载物台以及干涉球或凸透镜等配件。在设计偏光镜时，通常是上偏光片保持转动，用于调整上偏光的方向，而下偏光片则为固定。下偏光片上有一可旋转的玻璃载物台，用于保护下偏光片。干涉球或凸透镜则用于观察宝石的干涉图。

图6-20　偏光镜

通过观察正交偏光镜下宝石的明暗变化,可以判断宝石的光性,判定宝石为均质体或为非均质体。通过观察可初步区分被测宝石是翡翠还是某些类似石。

3. 操作步骤

(1)清洁待测宝石,观察宝石是否有较好的透明度。

(2)开启偏光镜电源开关,旋转上偏光片直至消光位置。

(3)将宝石置于下偏光片上方的玻璃载物台上,在水平方向上转动宝石360°(或直接转动载物台),观察宝石的明暗变化。

4. 可观察到的现象及判定出的结果(表6-2)。

表6-2　偏光镜观察现象及判定结果

观察到的现象	判定的结果
正交偏光镜下转动宝石360°,宝石在视域中呈全暗	均质体,如石榴石矿物;非晶质宝石,如玻璃
正交偏光镜下转动宝石360°,宝石会出现四明四暗现象	非均质体,如红宝石、蓝宝石、祖母绿等宝石
正交偏光镜下转动宝石360°,宝石会出现全亮现象	多晶质宝石,翡翠、软玉、石英岩类矿物
正交偏光镜下转动宝石360°,宝石在视域内出现不规则明暗变化	此种现象称为异常消光,这是由于可能在均质体宝石中出现异常双折射所造成的,如钻石。或者是玻璃在生产过程中,由于快速冷却,致使内部应力聚集,形成异常双折射,形成常见的"蛇形带状"异常消光现象

5. 注意事项

(1)偏光镜不适用于不透明或透明度不好的宝石。待测宝石必须是透明或半透明,或至少部分透明至半透明。如某些透光性不好的弧面型宝石,由于边部较薄,可呈半透明,仍可进行测试。

(2)若待测宝石透明,但含有大量的裂隙和包裹体,则测试的可靠性较差。

七、电子天平

1. 用途

电子天平(图6-21)可用于直接量度宝石的质量,或测试宝石的相对密度和密度。宝石学中常用静水称重法来测宝玉石的相对密度。这种设备使用简单,可测得较准确的相对密度,数值可达到小数点后三位数。

图 6-21　电子天平秤

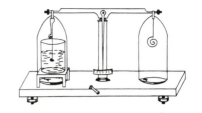

图 6-22　静水称重法装置简图

2. 静水称重法（图6-22）

1）原理

相对密度是指宝石的质量与同体积4℃水的质量的比值。根据阿基米德定律可知，相对密度的计算公式为

$$\text{宝石的相对密度} = \frac{\text{宝石空气中的质量}(w_1)}{\text{宝石空气中的质量}(w_1) - \text{宝石液体中的质量}(w_2)}$$

2）操作步骤

（1）将装满三分之二蒸馏水的烧杯放在秤上。

（2）将宝石兜浸入水中，但不要触及烧杯边部或底部。

（3）将天平归零。

（4）测试宝石的质量，记为w_1。

（5）将宝石放入兜内，注意不要溅出水，再次将兜浸入到水中并称重，记为w_2。

表6-3为翡翠及翡翠相似石的相对密度。

表 6-3　翡翠及翡翠相似石的相对密度

翡翠	3.34（+0.11，−0.09）
软玉	2.90～3.10
蛇纹石玉	2.4～2.8
钠长石玉	2.60～2.63
东陵石（耀石英）	2.7～2.8
染色石英岩	2.64～2.71
绿玉髓	2.50～2.77
水钙铝榴石	3.15～3.55
天河石	2.56（+0.02）

3. 比重液法测相对密度

比重液是用于测定物体相对密度的液体，又称相对密度液（图6-23）。

比重液法可用于分开混装的宝石。该方法还能快捷地和方便地区分开两个相似的或非常小的样品。该方法特别适用于原石、珠子和弧面型宝石。

在宝石检测中使用的典型比重液有：一溴萘（2.65）、用二碘甲烷稀释的一溴萘（3.05）、二碘甲烷(3.33)。尽管有些教程中提到利用克列里奇液测相对密度的方法,但它毒性很大,故不推荐使用。

比重液法的测试步骤如下:

(1)应清洗干净要检测的单颗宝石,而后用宝石镊子将它从具有最高相对密度的液体中夹出并开始小心地放入系列的比重液中(夹起一颗浮起的宝石比夹起一颗沉底的宝石要容易得多,故通常从较重的液体开始)。

方法:
如宝石相对密度大于液体相对密度时,则宝石下沉;反之,宝石上浮。这时需将矿物取出,按其是上浮或下沉来选择第二种比重液。这时需将宝石重新洗净及擦干,以免因比重液对宝石的污染而影响测量精度。
硬玉的相对密度是3.33。

图6-23　比重液法

(2)重要的是在两次浸没之间要擦净宝石和镊子,避免混杂液体。和静水称重法一样,检测的宝石不能是已镶的。

(3)应小心地观察高密度液瓶,当宝石已位于液体中部时缓缓地松开镊子,要尽可能减少镊子移动带来的影响。这是因为宝石和液体的相对密度很接近,镊子不小心的移动很容易引起宝石的上下运动,从而得出关于相对密度的错误结论。

(4)若宝石非常缓慢地下沉或非常缓慢地浮起,其相对密度应接近于液体的相对密度。若宝石保持精确的悬浮状态,其相对密度应等同于液体的相对密度。

(5)一次可把一包内的许多宝石或原石同时放入一种液体中检测。

八、卡　尺

1. 用途

卡尺是一种测量长度、内外径及深度的量具(图6-24)。游标卡尺由主尺和附在主尺上能滑动的游标两部分构成。游标卡尺的主尺和游标上有两副活动量爪,分别是内测量爪和外测量爪,内测量爪通常用来测量内径,外测量爪通常用来测量长度和外径。宝石学上使用的卡尺为电子卡尺,读数较为方便,只需把卡尺和待测宝石固定在一起,然后读出示数即可。

图6-24　宝石度量卡尺

2. 结构

我们一般利用主尺上的刻线间距(简称线距)和游标尺上的线距之差来读出小数部分。现在大多使用电子示数的卡尺,即利用传感器将示数显示出来,可直接读数,省去计算的麻烦。

3. 操作步骤

测量时,右手拿住尺身,大拇指移动光标,左手拿待测外径(或内径)的物体,使待测物位于外测量爪之间,当与量爪紧贴时,即可读数。测量宝石一般使用外测量爪。

第七章 / 翡翠的人工优化处理及鉴别方法

一、翡翠优化处理概述

自20世纪80年代起,随着科学技术的发展,生活的改善,人们对珠宝的需求剧增,导致人们将许多新技术应用到人工优化处理宝石方面,给宝石学界带来了巨大的挑战。天然宝石的人工优化处理是指人们利用某种技术和工艺处理来改变宝石的颜色,提高宝石的净度以及物理和化学稳定性。经人工优化处理的宝石因其原材料是天然的,给鉴定工作加大了难度。由于天然宝石和人工优化处理宝石的美学价值不同,商品价值差别大,因而区别两者是非常重要的。

翡翠的优化处理可分为两种情况:一种可称为优化,如热处理,将黄色翡翠单纯进行加热使它变成红色翡翠,即属于热处理。另一种称为处理,如漂白、充填、染色,以本章介绍的B货翡翠(漂白、充填)、翡翠(B+C)(漂白、充填、染色)为例加以说明。

二、翡翠优化处理方法

1. 热处理

1)加热优化的目的

加热优化处理方法的使用时间较长,应用于翡翠上,主要是为了获得红色的翡翠。中国人极喜爱红色,认为它是吉祥的象征,天然形成的红色翡翠,行家称之为生红(图7-1),加热之后人们称之为熟红。纯红色翡翠在自然界中极为稀少,往往只在翡翠原料近表皮下呈现红雾,多带有棕色、褐色;黄色翡翠分布较多,人们发现经加热处理后,黄色翡翠可以转化为红色。而褐色、棕红色翡翠加热后可转变成较纯红色的翡翠。这种加热处理不需加入任何染色剂,也没有破坏翡翠的结构及其耐久性,是一种翡翠优化处理的方法之一,在行业上是被认可的。

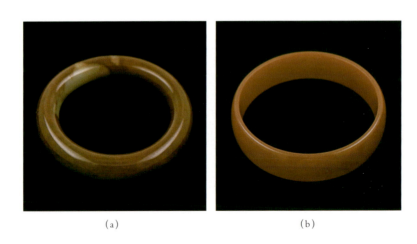

(a)　　　　　　　　(b)

图7-1　天然红翡(a)和热处理红翡(b)

2）原理

带黄棕色或褐色的翡翠是由颗粒间含有的褐铁矿、针铁矿致色。在氧化条件下缓慢加热 300～400℃，会使褐铁矿（$FeO_3 \cdot nH_2O$）失水转变为红色的赤铁矿（FeO_3），从而形成红色的翡翠。加热处理时用的工具见图7-2。

图7-2 加热处理时用的炉子

3）方法及步骤

（1）选种。不是所有翡翠均可加热变成红色的，只有黄色、棕色或褐色的翡翠经加热处理后可变为红翡。

（2）洗净。需将所有的油渍污点彻底清洗干净。

（3）放在炉子中加热。可采用一般的炉子，加热前应在炉子面上铺一层砂，以保证加热时温度均匀升降，然后将要处理的翡翠放在砂层之上。目前加热工具多改用微波炉。加热一般是在氧化条件下进行的，应让温度慢慢升高，然后小心观察翡翠颜色的变化，加热至一定高温时翡翠会慢慢转变颜色，当看到原来的颜色开始转变成红色时，应立刻停止升温，慢慢降温、冷却。

（4）冷却后浸入漂白水中。有时会将加热之后的样品冷却之后，加入漂白水中浸泡，使之充分氧化，这样红色会更加均匀、鲜艳。

4）鉴别方法

经加热处理后，翡翠的颜色可以变为比原来颜色较纯正的红色，黄色可变成红色。但若加热方式处理不当则会使其透明度降低，水头稍差。行业上一般并不计较红色翡翠有无经过加热处理，而是将重点放在有没有添加任何铁质溶剂（"金水"）或放入其中浸泡。若市场上出现颜色均匀、水头足的红玉，则值得我们关注。

2. 染色处理

1）染色翡翠的目的

颜色是人们欣赏翡翠最直观的因素，因此是其价值所在。自古以来，为了提高翡翠的价值,有些不法商家千方百计将淡色、无色的翡翠染成各种颜色(图7-3),使翡翠交易市场鱼目混珠,以获取更大利润。

2) 原理

翡翠、玉髓等多晶质宝石,是由许多极微小细粒晶体组成的,晶体之间存在颗粒间隙,若将多晶质宝石浸泡在调好的染色溶剂中,通过加温、加压方法,有色溶剂就可以慢慢浸透玉石颗粒孔隙和微裂隙而使宝石呈色,这就是染色,又称为"炝色"(图7-4)。

图7-3 天然绿色翡翠(a)和染绿色翡翠(b)

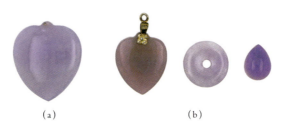

图7-4 天然紫色翡翠(a)和染紫色翡翠(b)

3) 方法及步骤

(1) 选择适当的玉种。为了得到好的染色效果,必须选择合适的玉种,不是所有玉种都能获得较好的效果。

(2) 用弱酸洗净。

(3) 浸入用肥皂粉调和的水中煮沸,然后取出洗净,去油污。

(4) 将洗净的样品微加热,根据热胀冷缩的原理,使粒间孔隙扩大,有时还须抽真空。

(5) 浸入化学染料溶液中,多为有机染料,浸泡时间的长短因种而异,一般要浸泡两周或一个月。

(6) 取出,放入白矿油中或漂白水中进一步氧化。

(7) 用清水洗净,获得人工染色翡翠。

4) 鉴定方法

(1) 肉眼观察。

a. 观察翡翠的色调是否自然,有经验者见到红玉太鲜艳,或呈现粉红色调,就会怀疑其颜色不是天然色,绿色翡翠若呈现带蓝色色调也会觉得不自然。

b. 颜色的分布是否合理,种与色是否吻合。

(2) 放大观察。

a. 寻找翡翠裂隙,观察裂隙处是否颜色特别集中。

b.观察晶体与颜色之间的关系,晶体与晶体边界的颜色是否较深,即确定是浮色还是熔化色。晶体内部颜色较淡表明染色的可能性大。晶体与晶体之间边界颜色较淡,而晶体中心较深则是天然色。反射光之下观察颜色与晶体的关系,确定是白色包围颜色还是颜色包围白色。根据笔者的经验,若白色包围颜色,则为天然颜色;若是颜色包围白色,则为染色。

(3)仪器观察——查尔斯滤色镜及紫外荧光灯观察。

a.观察绿色的翡翠。透过滤色镜观察,样品颜色变为红色:指示可能有铬盐染色剂。样品颜色不变:指示没有铬盐染色剂。

b.观察紫色翡翠。滤色镜对紫色翡翠的鉴定不起作用,但是在紫外灯长波下有一定的作用。由于紫色翡翠是由含锰染料染色,紫外灯长波下,会呈现橙至粉红色的荧光,而天然紫色翡翠是没有荧光的,因而对区分天然紫色翡翠与染色紫色翡翠有很大的帮助。但有的天然紫色翡翠有时也会显示荧光。人们一般先用肉眼观察并在此基础上进行判断,最后再用仪器确认。因为荧光有可能是由于在加工过程中渗入一些特别溶液引起的,所以要特别小心观察荧光的颜色。

(4)仪器观察——可见光分光仪测试(只用于绿色翡翠的鉴别)。

在强光下用分光镜观察翡翠的绿色部分,会看到如图6-15所显示的现象。

3. 漂白、充填处理——B货翡翠

1)历史背景

20世纪80年代初,香港翡翠市场上突然出现了一批颜色鲜、水头足且卖价也不高的翡翠成品,这种成品放在柜台几个星期后表面会出现微裂纹。这种从来未见过的翡翠,使人们十分疑惑,摸不着头脑。笔者收集该品种翡翠并进行化学分析,经化验发现这是一种用新的处理方法产生的翡翠成品,当时称之为"脱黄"货。在未确定该种翡翠的鉴定方法时,部分商家以次充好,获得了较大的利润。当时香港的许多商家采用新处理方法来制作翡翠,为了使用强酸浸泡过的翡翠不产生裂纹,改用无溶剂环氧树脂代替强酸。用这种新处理方法制作翡翠的实质就是将低廉原料加工后充当高价成品。1995年,日本学者首先在IGC国际会议上介绍了用红外光谱鉴别这种人工处理翡翠的方法,由此逐步普及了这种红外光谱鉴别B货翡翠的方法。

2)B货翡翠的工艺(图7-5)

(1)除黄气:即漂去黄色氧化铁的次生物。

(2)去污底:即漂去灰色或黑色的次生色。

(3)去水渍:即漂去翡翠中存在的白色沉淀物。

(4)改善种质:增加了水头较差的翡翠的透明度。

3)制作方法及步骤(图7-6)

(1)选种。不是所有种质的翡翠均可做成B货翡翠。主要考虑的是哪种翡翠做B货后效果最好。例如"八三花青"种较适合做成B货翡翠。另外脆性大、裂隙多的翡翠不适合做成B货翡翠,例如干青种。

图 7-5　B 货翡翠的处理过程

（2）浸酸。将所选的样品用水洗净并放入强酸中，根据不同种质浸入强盐酸或亚硫酸，因种质不同，浸泡的时间也不同，一般要浸泡四个星期。若脏的次生色少，浸泡时间可较短，受破坏程度较低，有些则浸泡时间长，并且用酸碱液来交替浸泡，这阶段就是翡翠受强酸强碱腐蚀的过程。碱液可使翡翠的结构变得非常松散，即将翡翠"洗"得很干净，使翡翠洗得洁白、疏松，似粉色。

（3）洗净。用清水将酸洗净。

（4）抽走真空。目的在于使颗粒间孔隙无空气，让树脂能均匀渗入。

（5）注入树脂。用黏结力极强的环氧树脂来胶结松散的晶粒。

（6）微波炉加热。放在锡纸上并置于微波炉

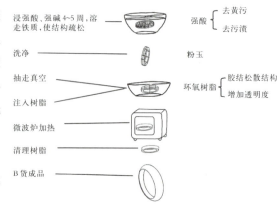

图 7-6　漂色入树脂（B 货）翡翠处理示意图

中微加热,目的在于使多余的树脂流出并使树脂凝结。

(7)清理树脂。用刀刮去肉眼可见的树脂,形成透光性好的翡翠成品。

4)鉴定方法

(1)用肉眼全面观察。

a.颜色。经过漂色的翡翠一般比同一品种的天然翡翠的颜色更鲜艳,深绿色矿物部分有扩散现象。

b.光泽。在反射光线下慢慢晃动样品仔细观察,同样质地的A货翡翠的光泽较强,呈玻璃光泽;而B货翡翠的光泽则较弱,呈蜡状光泽。若是雕刻挂件,最好在没有雕刻的背面观察,光泽对比度比较明显。

c.透明度。在B货翡翠中加入了树脂会增加其透明度,多为半透明,故不透明的翡翠多数不是B货翡翠,因为B货翡翠不可能用种好的翡翠去做。

d.净度。若样品含有脏的次生色,如铁锈色、污底等,则一般是未处理的翡翠,因强酸浸泡后,次生色会被溶走。若翡翠的净度太高,则须小心观察,或使用其他方法判断是否为经优化处理的翡翠,因为天然翡翠也有可能很干净。

e.翠性。在反射光下观察样品的翠性,翠性很明显的翡翠大多为天然翡翠,翠性不明显且质感像胶质的翡翠有可能是经过处理的翡翠。

经过肉眼观察以上五个方面,应该能分析判断是天然翡翠还是经过处理的翡翠,并且进一步用放大镜重点观察,可找到确定判断结果的佐证。

(2)放大观察。

a.反射光下观察表面砂眼及表面龟裂(图7-7)。由于经过强酸的处理,硬玉集合体中有些抗酸性较差的矿物,如长石等有可能首先遭受溶蚀而留下凹坑,在反射光下用放大镜可以观察到,行业上称之为砂眼。砂眼的数量与原来翡翠原石矿物纯度和粗细有关。但要指出的是在粗豆种A货翡翠中可见到砂眼,但是比例会较少,在鉴定B货翡翠时,砂眼只能起指示作用。观察样品表面有无龟裂就更加重要了,在B货翡翠的表面往往会出现浅而不规则的裂纹,称为龟裂,它与原生裂纹不同,这种裂纹细而浅,这是B货翡翠的重要特征。这一特征与树脂老化有关,由于树脂失去弹性后产生脆性,沿颗粒边界会产生微裂纹。这一特征对鉴别浅色的B货

图7-7　B货翡翠砂眼及龟裂

翡翠有一定作用。而A货翡翠表面比较光滑,不可能产生龟裂。

b.透射光下,用放大镜观察内部铁染现象和污迹会发现,在深色翡翠中往往存在铁染(行业上称"猫水")(图7-8),即裂隙中存在黄色的铁锈色或脏的次生色,这反过来证明此成品未经过强酸漂色。另外,在观察翡翠晶体结构是否受破坏时,可着重观察天然翡翠结构分布方向,若翡翠晶体排列呈平行方向,多数晶体未受到破坏,可判断是A货翡翠;若翡翠晶体的排列断开并失去一定方向性,则可判断是B货翡翠。

图7-8　A货翡翠"猫水"

对于纤维结构的翡翠成品,一般较易观察其晶体排列方向。其颗粒细长,较易观察晶体受破坏情况,可以看出的是其晶体排列受破坏而且其纤维状晶体失去方向,显得杂乱无章(图7-9)。这部分不是所有品种样品都能见到的。

(3)仪器测试方法。

a.比重法。比重法的测试原理:由于经过漂色的翡翠铁质被带走,结构变松散,而且加入了一些树脂后其密度比原来同种的翡翠小。这一方法在实际测试中应用较少,因为天然翡翠的相对密度并不是一个确切的数值,而是在一定的范围内变化,经过漂色的翡翠密度比天然翡翠小,但我们无法预知该漂色翡翠在处理前的相对密度值,因此这一方法无参考性。

b.紫外光灯。用于观察翡翠的荧光。由于树脂可激发紫外荧光,观察荧光的颜色、分布情况、强弱特点,有助于识别B货翡翠。不同物质可激发出不同颜色的荧光,由树脂引起的荧光呈奶白—粉蓝色,由油引起的荧光呈橙—黄色,由矿物杂质引起的荧光呈点状分布。一些经过化学处理呈较深绿色的翡翠,因为含有一定的铁离子,压制了翡翠的荧光性,因此一般无荧光反应(图7-10)。

c.红外光谱仪。红外光谱仪是较大型的测试仪器,红外光的波长大于700nm。用红外光线照射不同的物质,其吸收光量子的多少各有不同(即波长的不同)。红外光谱图是以波数为横坐标,以百分吸收率或透射率为纵坐标的图谱。

图7-9　纤维结构受破坏

图7-10　在室内灯光下的B货翡翠

利用红外光谱仪鉴别B货翡翠的测试目的是鉴别翡翠样品有无树脂成分，但它只能证明有无树脂的存在。用红外光谱仪鉴别翡翠有无树脂，可以说既是一种比较客观的方法，又是比较快捷的方法。

如在翡翠红外光谱曲线中有树脂的吸收谱线，可以证明翡翠中含有树脂。通常用于制造B货翡翠的树脂，其吸收光谱相似。我们可以根据图7-11所示在$2800\sim3200\mathrm{cm}^{-1}$之间出现的五个吸收峰，断定此样品为B货翡翠。

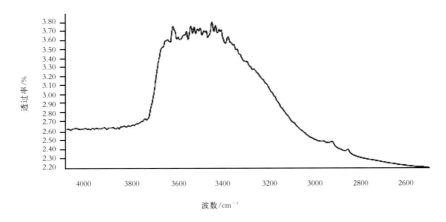

不含树脂翡翠的红外吸收光谱

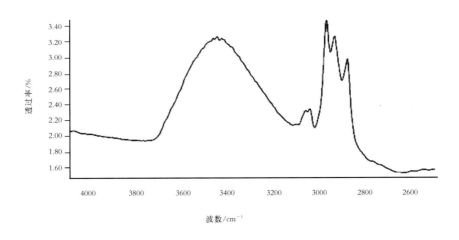

图7-11　透射法红外吸收光谱

利用红外光谱仪鉴别B货翡翠是在确定样品是属于翡翠的前提下观察有无树脂的吸收峰来判断的，树脂的红外线吸收特征在$2800\sim3500\mathrm{cm}^{-1}$范围内显示$2870\mathrm{cm}^{-1}$、$2928\mathrm{cm}^{-1}$、$2964\mathrm{cm}^{-1}$、$3035\mathrm{cm}^{-1}$和$3508\mathrm{cm}^{-1}$的吸收峰。所以，只要在$2800\sim3200\mathrm{cm}^{-1}$范围内观察有没有数个强的吸收峰，即可以判别是否为无树脂存在的A货翡翠。如果有树脂的吸收峰存在，就说明该样品当属B货翡翠。

4. 漂白、充填、染色处理(B+C)

漂白、充填、染色处理是将低档无色无种的翡翠用强酸浸泡疏松，酸洗后浸染上所需颜色，再加入树脂。这一处理方法可以提高翡翠售价，获取更高利润。在粉玉阶段浸染上颜色再注入树脂的翡翠，可以说是经过两重做假而产生的成品。

1）制作方法

翡翠(B+C)制作方法与B货翡翠制作方法相同，只是多了染色的过程。工作人员经过酸洗、碱洗后，对呈疏松状的粉玉阶段的翡翠上色，一般采用涂色的方法，用毛笔蘸上染色剂随意涂抹，仿天然颜色的品种与单纯染色翡翠具有不同之处。

2）制造过程及步骤

第一步：将无色或淡色翡翠浸入强酸中，再浸入碱水中，洗干净，形成粉玉。

第二步：上色，将毛笔蘸上染色液涂在粉玉之上，慢慢浸透着色。

第三步：抽真空，灌入树脂，烘干，固结。

3）染色、充填翡翠(B+C)的鉴定方法

染色、充填翡翠(B+C)的鉴定方法与B货翡翠的鉴定方法大致相同，不但要鉴定样品有无树脂还要鉴定其颜色的真假(图7-12)。

图7-12　翡翠(B+C)，颜色呈网状分布

(1) 肉眼全面观察，取得主观第一印象。若颜色带黄色往往会过于鲜艳，比B货翡翠鲜艳得多，比单纯人工染色(即C货)的翡翠的颜色更鲜艳。对于紫色翡翠，若紫色分布均匀，透光性强，可能为紫色翡翠(B+C)。肉眼观察的重点是观察色、种质关系是否符合天然翡翠的色、种质关系。

(2) 滤色镜观察。在滤色镜下观察染绿色的翡翠(B+C)，可发现因染剂不同，大部分不显示红色。

(3) 放大镜观察。与观察染色翡翠方法一样，首先观察有无微裂隙，颜色分布是否集中在裂隙中；其次，在样品较薄部分观察是否可见绿色染色剂，染色剂是否充填在颗粒孔隙中，颜色是否呈网状分布。无论是染绿色的翡翠还是染紫色的翡翠，若见到颜色是由颗粒边缘向中心集中的分布，其颜色发生由深到浅的变化，则是染色的佐证。但是对于染紫色的翡翠来说，只有在白光灯下观察才能呈现真正的效果。

(4)可见光分光仪观察。红外光谱仪只能解决翡翠中有无树脂的问题,从而判定是A货翡翠或B货翡翠,但不能解决有无染色剂的问题。通过可见光谱仪的观察,可以检测有无染色剂的存在。根据我们多年的鉴定经验可知,经染绿色又注入树脂处理的翡翠在可见光光谱中,红色区域有明显粗的吸收带(参考有关本章可见光吸收光谱部分),由于它比较靠近红色渐灭的一端,所以不容易观察,必须非常仔细才能看出。这是检验染色、充填翡翠的重要方法。

(5)紫外灯下观察荧光。染绿色、充填树脂的翡翠,在紫外灯下仍有荧光,但为较弱的发霉绿色荧光反应。只要仔细观察,就能够区分出。对于染紫色、充填树脂的翡翠来讲,它在紫外灯下呈蓝紫色的荧光,与单纯染色或单纯充填树脂的翡翠的荧光反应有所区别(图7-13)。染红色、充填树脂的翡翠呈惰性反应,没有荧光。通过以上方法不难测出B货翡翠、翡翠(B+C)。

图7-13 在长波紫下灯下B货翡翠的荧光反应

表7-1为各类处理翡翠的检查方法与特征,表7-2为天然翡翠与处理翡翠在鉴定仪器下的反应。

表7-1 各类处理翡翠的方法及特征

检查方法		A货(天然)	B货(漂白、充填)	翡翠(B+C)(漂白、染色、充填)
肉眼及放大观察	颜色	自然(不同种质的翡翠有特定的颜色特征)	轻微发黄 相比较鲜艳 不自然	相对过于鲜艳 十分不自然
	光泽	玻璃光泽	轻微蜡状光泽	轻微蜡状光泽
	透光性	每一个种质有特定的透光性	多为半透明	多为半透明
	表面特征	砂孔无或少	砂孔,少到多	砂孔,少到多
		龟裂,无出现	龟裂,可出现(旧的B货翡翠可看到)	龟裂,可出现
	结构	保持天然结构和构造,镶嵌结构和纤维晶体平行排列	松散结构,纤维状晶体无方向性分布,长形晶体排列失去方向性	松散结构,纤维状晶体无方向性分布,长形晶体排列失去方向性
可见光吸收光谱		绿色样品红区可能出现三条吸收线	绿色样品红区可能出现三条吸收线	红区出现一条粗吸收带
紫外荧光		一般无荧光,若含有油则呈橙红色荧光	由于含树脂而呈白蓝色、粉蓝色荧光(深色翡翠无)	涂绿色:发霉绿色荧光 紫色:紫色荧光
红外光谱		无树脂吸收峰	有树脂吸收峰	有树脂吸收峰

表 7-2　天然翡翠与处理翡翠在鉴定仪器下的反应

翡翠种类	CCF	U/V
A	无反应	无反应
B	绿色:无反应	绿色:粉蓝色荧光
B	紫色:无反应	紫色:蓝色荧光
C	绿色:变红	绿色:无反应
C	紫色:无反应	紫色:橙色荧光
B+C	绿色:无反应	绿色:发霉绿色荧光
B+C	紫色:无反应	紫色:紫色荧光

5. 翡翠与树脂夹层翡翠

1）树脂夹层处理

树脂夹层处理是指用偷梁换柱的手段，在低廉的翡翠中注入树脂，将低档翡翠充当高档翡翠，以牟取暴利的做假方法。

做法：将色深、水头差的天然翡翠切成很薄的薄片作为顶部，然后在薄片的后面垫上厚的树脂作为翡翠的底部，在中部夹树脂，借以显示翡翠的颜色和水头。此类样品含有大量树脂，人们从顶部观察时可看出天然翡翠的特征，有翠性，有包裹体，而且颜色鲜艳。这类样品极易被充当高档翡翠出售（图7-14）。

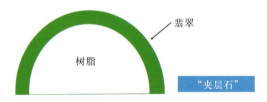

图 7-14　树脂夹层处理示意图

2）鉴定注意事项

（1）此种夹层石，在未镶在首饰上时，比较容易鉴别。因上部和下部的光泽不同，放大镜下可发现光泽的差异；放在比重液中，其密度比翡翠低（低于2.88g/cm³的比重液）。

（2）用长波紫外灯观察翡翠成品的顶面显示无荧光，而树脂的那一面呈现很强的粉蓝色荧光。

（3）若镶在首饰上会增加鉴定的难度，因为镶好首饰后，见不到后面的树脂。根据笔者的经验，用电筒照射其表面时，可观察到从翡翠内部会反射出电筒灯泡的影像，这与天然翡翠不同。这一异常的现象是由于进入薄层翡翠的光接触到树脂后不能全内反射而呈散射所致。

（4）若只从上部观察此种翡翠，可显示出高档翡翠的特征，颜色浓而艳，水头足，有翠性，有一定包裹体。

（5）用红外光谱仪测试，可以测得树脂吸收峰。

第八章 / 翡翠与其相似石及仿品的鉴别

一、翡翠的仿品及其相似石概述

在翡翠交易市场中,翡翠的鉴定问题一直备受关注。自然界中翡翠产量不多,质量好的更稀少,而随着人们生活条件的改善,对翡翠的需求越来越大,翡翠售价也越来越高。因此,有些不法商家利用消费者在鉴别翡翠方面的不足,以次充好,获得高额利润。最常见的情况是利用其他廉价的天然矿物充当高价翡翠。

自然界也有不少多晶质玉石的外观与翡翠相似,但其化学、物理性质相异,我们称之为翡翠相似品。用廉价的相似品充当高价翡翠出售就是一种欺骗行为。更夸张的是,有商家用人工合成玻璃冒充翡翠并在市场上流通,极大地破坏了翡翠市场的公平公正的交易环境。

二、翡翠的相似石

1. 软玉

软玉是中国人最早使用的玉种之一,在中国的古玉发展史中占有重要地位,丰富的软玉矿床最早发现于新疆昆仑山系一带,因此软玉也被称为"新疆玉"。软玉是法国学者多玛对玉下定义后,由日本学者翻译的名称。在我国,根据颜色将软玉分为白玉、青玉、碧玉、糖玉和墨玉等品种。

成分:软玉是由角闪石族矿物组成的特殊集合体,由透闪石(tremolite)和阳起石(actinolite)的类质同象系列矿物组成(图8-1)。透闪石的晶体化学式$Ca_2Mg_5[Si_4O_{11}]_2(OH)_2$,纯者呈白色,当化学成分中含铁量超过4%时,便过渡为阳起石。阳起石的晶体化学式$Ca_2(Mg,Fe)_5[Si_4O_{11}]_2(OH)_2$,因含铁而呈现绿色或暗绿色。

软玉矿物按其地质成因可分为原生矿和次生矿。原生矿的原料未经风化、搬运、沉积过程,行业上称之为山料,山料没有风化的外皮。

图8-1 软玉

经过自然界长期风化剥解为大小不等的碎块,崩落在山坡上,再经雨水冲刷流入河中,待水干涸时在河床中采集的玉块则称为籽料,籽料有层风化外皮。软玉常见的物理性质如下。

颜色:白色、灰白色、暗绿色、黑色、黄色,通常颜色分布较均匀。软玉的各个品种主要是按颜色不同划分的。

光泽:油脂光泽,质量高的和田玉具有较强的油性。

透明度:多数为半透明。

摩氏硬度:6～6.5。

相对密度:2.90～3.10。

折射率:1.606～1.632。

根据颜色和其反光度不难将软玉与翡翠进行区分,软玉颜色分布均匀,呈油脂光泽。各种颜色的软玉品种中,以白色软玉最为名贵,过去只在新疆和田发现过,后来在青海、俄罗斯也有出产,而新疆出产的白玉质量最佳。所以,我们将质量较高的白色软玉称为和田玉。白玉中最佳者色白,油性如羊脂,故有"羊脂白玉"之称。青玉呈灰白—青白色,目前有人将灰白色的青玉称为"青白玉"。软玉中的碧玉与油青种翡翠的颜色有些相似,呈青绿色,但其结构不同。碧玉呈绿—暗绿色,俄罗斯出产含铬的软玉,颜色呈鲜绿色,呈黑色时,即为珍贵的墨玉。具有以透闪石为主矿物组成的纤维状结构,是软玉具有细腻和坚韧性质的主要原因。通常软玉中的碧玉、墨玉在鉴定时需要从结构、内含物、透射光下的颜色等方面观察并加以区分。世界上软玉的产地较多,除中国的新疆、青海、贵州之外,还有加拿大、俄罗斯、新西兰等国。俄罗斯出产品质较好的碧玉,由于含铬呈现鲜绿色。俄罗斯也出产白玉,山料较多,现发现也有籽料。

2. 蛇纹石玉(又称"鲍文玉")(图8-2)

蛇纹石玉的颜色有白色、浅绿色、黑色,其中以偏黄色的绿色调为主。这种玉石的主要品种表面看来同新疆青玉或碧玉有点相似,但矿物组成和硬度不同。

(1)矿物组成:蛇纹石玉的主要矿物成分是蛇纹石。其成分中常含有二价铁(硅),还混有锰(Mn)、铝(Al)、钴(Co)、铬(Cr)等元素,这些混入物使蛇纹石玉呈现各种颜色。

图8-2 蛇纹石玉

(2)结构:颗粒细,纤维状集合体,无翠性。

(3)光泽:蜡状光泽;比软玉的光泽差。

(4)透明度:半透明至不透明。

(5)摩氏硬度:2.5～6.0,一般为4.5,用刀能刻动。

(6)相对密度:2.4～2.8。

(7)折射率:蛇纹石矿物的平均折射率为1.560～1.570。

根据颜色的色调和分布特点及其光泽,从肉眼上不难将蛇纹石玉与翡翠进行区分。

白色蛇纹石玉和软玉易混淆,美国鲍文博士曾误将蛇纹石玉当作软玉,因此蛇纹石玉又称为"鲍文玉"。

蛇纹石玉多产于接触变质作用下形成的镁质大理岩中,在中国产地分布较广,不同产地称呼不同。出产于东北岫岩的蛇纹石玉产量大、质量好,被称为岫玉;在广东出产的蛇纹石玉被称为南方玉;出产于甘肃一带的蛇纹石玉被称为沧玉等。

3. 钠长石玉(水沫子石)(图8-3)

(1)成分。85%钠长石的多晶质集合体含有少量的硬玉、绿辉石、角闪石等。钠长石主要为中粗粒、粒状结构。颜色主要为白色或灰白色,有的含有偏蓝偏暗的飘花,这种玉被称为水沫子石,外观看上去像水底飘蓝花种翡翠,在市场上往往被不法商家用来冒充优质翡翠,以高价出售。这种水沫子石大量出现在缅甸翡翠矿床中,为翡翠矿床的伴生矿物。

图8-3 水沫子石

(2)钠长石玉与翡翠的区别。钠长石玉广泛分布于缅甸翡翠矿床和其他的翡翠矿床中,有的品种与翡翠品种相似。无经验者容易混淆两者,所以需仔细观察。两者的区别如下。

a.观察光泽:钠长石玉折射率低,光泽较翡翠差,有明显区别。

b.相对密度:钠长石玉的相对密度低于翡翠的相对密度。用两种原料制作的较大首饰,用手掂掂会感觉用钠长石玉制作的首饰较轻。这是因为,用手掂掂就能比较出钠长石玉相对密度低。

c.测折射率:钠长石玉折射率比翡翠的折射率低得多。

(3)透明度:透明或半透明。

(4)光泽:弱玻璃光泽。

(5)折射率:1.52～1.53。

(6)相对密度:2.60～2.63。

(7)摩氏硬度:6。

(8)结构:无翠性,光泽没有翡翠强。

4. 东陵石(耀石英)(图8-4)

有人将东陵石称为"印度玉",学名为耀石英,它是一种含有绿色铬云母的无色石英岩。东陵石含有绿色片状定向排列的铬云母,呈绿色,并且在阳光下云母闪闪发光,产生砂金效应,因而得名。

(1)矿物组成:以石英(SiO_2)为主,含片状铬云母。

(2)颜色:中等绿色,颜色均匀。电筒照射下可见片状闪光。

(3)光泽:玻璃光泽。

(4)透明度:半透明。

(5)相对密度:一般在2.7～2.8之间,低于翡翠的相对密度。

(6)折射率:1.544～1.560。

(7)摩氏硬度:7。

在滤色镜下观察可见绿色变成褐红色,是很好的鉴定特征。东陵石的质量差别很大,若它所含有的铬云母很粗,一眼可看出,则易于鉴定区分。但有时铬云母非常细小,肉眼看不见,必须通过进一步放大观察才能看到绿色的片状云母。东陵石无翠性,多用来制作珠链和摆件。产于河南省密县的密玉及产于贵州的贵翠均属于类似的石英岩品种,世界产地分布广。

图8-4 东陵石

5. 染色石英岩(马来西亚玉石)(图8-5)

马来西亚玉并不是产自马来西亚的玉石,而是一种经人工处理染成绿色的石英岩。这种石英岩具有似翡翠的粒状结构,外观形似翡翠,用绿色染料染成绿色后,极像高档翡翠。染色石英岩最初出现在云南瑞丽,当时的市场上不

图8-5 马来西亚玉

少商家及消费者上当受骗。

（1）矿物成分：以石英岩（SiO_2）为主，大约占90%，其他矿物有黏土矿物等，由石英砂岩变质形成。

（2）颜色：呈鲜绿色，绿色染料常沿石英岩晶粒间空隙分布。

（3）光泽：玻璃光泽。

（4）透明度：半透明。

（5）相对密度：2.64～2.71。

（6）折射率：1.533～1.544。

借助放大镜观察鉴定染色石英岩（图8-6），可见颜色呈浮丝状，沿裂隙分布，只要用折射仪测试其折射率，就不难识别。

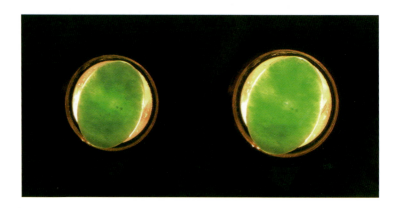

图8-6　染色石英岩

6. 天然绿玉髓（图8-7）

玉髓是指隐晶质的石英，其化学成分为SiO_2，因含不同致色元素而呈现出不同的颜色。

目前市场上有来自两个产地的绿玉髓，一种产自澳大利亚，也称澳洲玉或南洋翠玉，学名为绿玉髓。颜色是苹果绿色，十分均匀，含镍（Ni）致色，滤色镜下不变红，外观像塑料品。近十年来，在翡翠市场上又发现了另一种非洲产的绿玉髓，这种绿玉髓颜色很鲜艳，滤色镜下转变为红色，容易与染色绿玉髓混淆。其物理光学性质与澳洲玉基本相同，但由铬致色，只要在滤色镜下观察，绿色就会变成红色。研究发现，天然含铬的绿玉髓，颜色鲜艳，十分难得，可用紫外可见光光谱将之与铬染色绿玉髓进行区分。

（1）光泽：玻璃光泽。

（2）透明度：半透明至透明。

（3）相对密度：2.50～2.77。

（4）折射率：1.53～1.54。

（5）摩氏硬度：5～7。

图 8-7 绿玉髓

澳洲玉颜色不浓,滤色镜下不变色。

绿玉髓与翡翠极易区别:①肉眼观察,颜色太均匀,无翠性;②相对密度和折射率都低于翡翠。

7. 水钙铝榴石(图 8-8)

在玉石市场有一种不均匀鲜绿色的玉石,其底为白色并分布有点状、不规则状的绿色斑。这些绿色玉石颇受人们关注,不同地方有不同名称,但其实都属于一种称为水钙铝榴石的矿物集合体。缅甸市场上称之为"不倒翁",该品种出产自中国西北部青海,新疆将先后发现颜色为鲜绿色的玉石品种,称为青海翠。此外,在市场上还有称为南非玉的绿色玉石。

(1)矿物组成:以石榴石族矿物为主要矿物,为含水或不含水的钙铝榴石,这种石榴子石绿色部分含有铬元素,并含有其他矿物如长石、绿泥石等。

(2)结构:为斑状结构多晶质集合体。

(3)光泽:玻璃光泽。

(4)透明度:半透明至不透明。

图 8-8 水钙铝榴石

(5) 摩氏硬度：约 6.5。

(6) 相对密度：3.15～3.55。

(7) 折射率：1.670～1.730。

水钙铝榴石无解理，无翠性，通常含有颗粒粗大含铬的绿色钙铝榴石斑晶，外观上易与翡翠的白底青种混淆，但它们的绿色部分的形状与分布是有区别的。钙铝榴石晶体是立方晶系，呈现粒状，而翡翠的绿色呈现脉状不规则状，为一种色根。另外，在查尔斯滤色镜下观察水钙铝榴石，其绿色部分会变红色。其折射率高于翡翠。

8. 南阳玉(图8-9)

南阳玉开发利用的历史非常早，因产于河南省南阳市而得名，又因矿区在南阳市的独山，故又称独山玉或独玉。南阳玉由于其中含有各种金属杂质(色素离子)，所以玉质的颜色有多种色调，以绿色、白色、杂色为主，也见紫色、蓝色、黄色等。其中半透明的蓝绿色独山玉为独山玉的最佳品种。

我们可根据不同的颜色和结构将独山玉划分出许多不同档次。大部分的独山玉为灰绿色不透明的绿独玉，多种颜色相互呈浸染状或渐变过渡存于同一块体上，很难做成美观的首饰配件，一般用来做成摆件。雕刻师们主要用它进行各类俏色巧雕的创作。

图8-9　南阳玉

(1)矿物组成:南阳玉是一种蚀变斜长岩,组成矿物以斜长石、黝帘石为主,含有绿帘石、辉石、少量绢云母、绿泥石、黑云母和榍石等。由于所含矿物种类和含量变化大,它的成分和物理性质也不固定。

(2)结构:细粒,多晶质集合体。

(3)根据不同颜色,独山玉可分为八个主要品种:白独山玉、绿独山玉、红独山玉、黄独山玉、褐独山玉、青独山玉、黑独山玉、花独山玉。

(4)光泽:玻璃光泽。

(5)透明度:透明度差,大多为不透明的绿独玉。

(6)摩氏硬度:6~7。

(7)相对密度:有变化,2.70~3.09。

(8)折射率:不固定。由于不同部分含有不同的矿物,有不同的折射率。一般为1.560~1.700。

优质的独山玉有时易与翡翠相混淆,但仔细观察会发现:①两者结构明显不同,独山玉无翠性;②大部分的绿独山玉的绿色部分的颜色都带灰色和暗色色调,而绿色翡翠的色调更鲜艳;③独山玉的相对密度比翡翠小。

9. 摩西西石(图8-10)

摩西西石是一种鲜绿色带黑斑的多晶质集合体,绿色部分很像孔雀石,出产于缅甸北部的摩西西小镇,因此得名。此种矿物外观为翠绿色,其上面分布黑色的不规则斑点。

(1)矿物组成:矿物成分较复杂,有闪石类矿物,也有辉石类矿物及钠长石,还有铬铁矿、绿泥石等矿物。每种矿物所占的比例均不超过60%。

(2)颜色:呈翠绿色,即似孔雀石的绿色,分布黑色的不规则斑点,分布面积大小不一。

(3)光泽:玻璃光泽,无翠性。

(4)相对密度:2.80~3.10。

(5)折射率:不同部位测的值不同,折射率为1.520~1.670,一般为1.600~1.620。

由于摩西西石难以按岩石学原则命名,所以一直以出产地定名。外观上容易与干青种翡

图8-10 摩西西石

翠，甚至是铁龙生种翡翠混淆。只要仔细观察结构，可发现摩西西石与以钠铬辉石为主的干青种及以含铬硬玉为主的铁龙生种翡翠有很大区别(表8-1)。

表8-1 摩西西石与干青种翡翠、铁龙生种翡翠的区别

品种	主要矿物成分	颜色	肉眼观察	强光下是否透光
摩西西石	钠长石	翡翠色，十分鲜艳	黑色斑块	有的透光，有的部分透光，有的不透光
干青种翡翠	钠铬辉石	绿色，绿色部分有的均匀分布，有的深浅交错	黑色或带有金属光泽的矿物	不透光
铁龙生翡翠	铬硬玉	翡翠色，满色，视觉上较"深沉"	比较"干"	微透光或不透光

10. 天河石(图8-11)

天河石又称"亚马逊石"，是钾长石的一种，产地多、产量大，因其色彩鲜艳，很早被发现并用于制作珠宝饰品。天河石的颜色带蓝色色调，易与翡翠颜色区分，而且通过其他的物理性质也可较容易与翡翠相区分。

(1)矿物成分：天河石是微斜长石中呈绿—蓝绿色的变种，成分和微斜长石一样为 $KAlSi_3O_8$，含有Rb和Cs。

(2)颜色：因含有少量的Rb和Cs而形成蓝绿色的体色。

(3)光泽：玻璃光泽。

(4)相对密度：2.56(±0.02)。

(5)折射率：1.522～1.530。

(6)摩氏硬度：6～6.5。

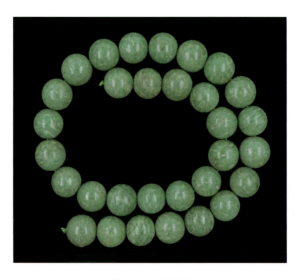

图8-11 天河石

由于天河石的相对密度比翡翠小很多且折射率较低,因而较容易与翡翠进行区分。放大观察可发现,天河石无翠性,但有规则的近于垂直的两组解理,常见网格状色斑。

11. 玻璃

1)绿玻璃(图 8-12)

当消费者缺乏对翡翠的鉴别能力时,部分不法商家用绿玻璃冒充翡翠。古时候的人们一般将玻璃仿品称为料,又称琉璃。人工合成玻璃的种类很多,可以做成不同颜色、不同透明度、不同密度及不同折射率的玻璃。绿玻璃的典型特点就是硬度低,性脆,具贝壳状断口,内部含有气泡(可不含),易于鉴别。

(1)成分:二氧化硅(SiO_2)和不同染色剂及不同添加剂。

(2)颜色:鲜绿色,颜色均匀(玻璃可被染成任何颜色)。

(3)透明度:透明或半透明(可呈现任何透明度)。

(4)折射率:1.470~1.700,根据添加剂而变化。

(5)相对密度:2.30~4.50(加某些元素可增高)。

(6)摩氏硬度:5~6,是不可改变的固定硬度。整体颜色较均匀,有贝壳状断口,部分玻璃内部可见流纹构造,含气泡,相对密度小,易鉴别。

图 8-12 玻璃

2)脱玻化玻璃(Mata Jade)(图 8-13)

Mata Jade 是日本制造的玻璃仿制品,其特点是内部有特殊纹路,相对密度较大,没有气泡。若将它镶在首饰上,与翡翠对比有一定的仿真度,较难用肉眼区分。

 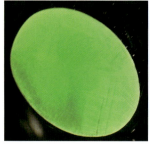 

图 8-13　脱玻化玻璃

(1)结构特征:这种玻璃的特殊纹路,似羊齿植物叶脉纹,是由于部分玻璃脱玻化造成的。在放大镜下观察内部可见特殊的似羊齿植物叶脉结构,或格子状结构,易与天然翡翠区分。

(2)光泽:玻璃光泽。

(3)颜色:深绿色。

(4)透明度:半透明至透明。

(5)相对密度:2.66。

(6)折射率:约1.55。

12. 黑色角闪石玉(图8-14)

在缅甸的矿床中往往出现一种黑色角闪石集合体,可加工成圆珠、项链、手镯等。在反射光下观察,呈深黑色,在透射光下,薄处可见绿色。

(1)透明度:不透明至微透明。

(2)光泽:玻璃光泽。

(3)结构:多晶,柱状集合体,中粒至粗粒。

(4)矿物组成:主要矿物为角闪石,含有绿辉石及少量硬玉等。

图 8-14　黑色角闪石玉

(5) 摩氏硬度：5～6。

(6) 相对密度：约3.09。

(7) 折射率：约1.62。

(8) 紫外光下：无反应。

(9) 放大观察：可见到不规则淡绿色的硬玉残斑交代现象。

(10) 产地：缅甸。

三、翡翠（硬玉）与相似石的鉴别方法及步骤

对于一般人来讲，翡翠是很难鉴别的宝石，有经验的人在大多数情况下可凭肉眼鉴别真假翡翠。翡翠的鉴别方法及步骤如下。

1. 肉眼观察方法

1）光泽

光泽就是宝石表面对光的反射程度。不同的宝石，由于具有不同的光密度或者表面抛光程度的不同，而有不同的光泽。

宝石的光泽主要是指宝石表面的反射光的强度。光泽的强弱，受矿物内部成分和结构所制约，同时与宝石表面抛光程度、切磨形状和角度有密切关系。当然不同种类的宝石，其光泽是有差异的。

(1) 常见的光泽类型。光泽可根据矿物反射能力的大小进行分级，同时形象地用某些物质类比分类，常见的光泽类型如表8-2所示。

表8-2 常见的光泽类型

光泽类型	光泽强弱	宝石名称
金刚光泽	强 ↓F 弱	钻石
玻璃光泽		石英、电气石、翡翠
油脂光泽		阳起石、软玉
蜡状光泽		绿松石、蛇纹石

(2) 光泽有助于分辨翡翠。肉眼观察光泽的强弱、光泽的类型，其结果往往较主观。其实，在光线照射下，在一定距离内前后晃动样品，便可通过反射出的光的强度及观察光线运动的快慢来判断其强弱，再根据不同的光泽，初步区分翡翠、软玉与蛇纹石玉。翡翠主要为玻璃光泽，而软玉呈油脂光泽，蛇纹石类等呈蜡状光泽。即使相似的宝玉石都呈现玻璃光泽，也有强弱之分，例如翡翠与钠长石玉（水沫子石）同为玻璃光泽，但翡翠光泽比钠长石玉的光泽强得多。

2)颜色

我们在观察玉石的颜色时,要着重观察颜色深浅、鲜暗及分布的均匀性。翡翠的颜色多种多样,并且可以几种颜色共生在一块玉石中,整体来讲,绿色呈不均匀分布并在白色中呈点状、脉状、条状、斑状,因为翡翠不是一次地质作用形成的,它的形成过程具有多期性。而软玉、南洋翠玉、蛇纹石玉的颜色均较均匀,绿色色调上翡翠的绿色最多变,有浅有深,有鲜有暗,而且唯独翡翠可以呈现鲜绿色,而其他翡翠相似品较少有鲜绿色。

2. 放大观察(主要指10×放大镜观察)

1)结构观察

不同于其他翡翠相似品,翡翠具有特殊的结构。翡翠结构分析法是鉴别翡翠的主要方法。

翡翠是由无数细小晶体组成的集合体。这些晶体的颗粒有粗有细,粗的肉眼易见,细的要用放大镜观察方可见到。

了解组成翡翠的硬玉晶体形状,对于鉴别翡翠很有帮助。翡翠晶体形状为短柱状,但由于形成的环境不同,柱体的长短比例、颗粒粗细亦有所不同。我们在未上蜡的翡翠表面,特别是未抛光的翡翠表面上,用电筒向下照射(即反射光之下)最容易看到翡翠有大大小小不同的片状闪光,这种像小雪片一样的反射光,就称为翠性,俗称"苍蝇翅"。这是翡翠晶体表面的一种反射光,反射光的形状和大小,与翡翠晶粒的形状和大小有直接关系,为鉴别翡翠原料的主要特征(图8-15)。

图8-15 翡翠的翠性

翠性是翡翠所具有的特性,这是分辨翡翠与其他翡翠相似品的特点。例如软玉(和田玉)具有极细的毛毡状结构,即使放大几十倍观察,都很难看到软玉的矿物颗粒。河南独山玉的颜色与翡翠有类似之处,但唯独看不到翠性,但翡翠一般在放大镜下均可见到翠性。

由于翡翠晶体表面呈矩形或方形,加之翡翠具有两组解理,因而在反射光下可见翡翠晶体断面及解理。在反射光下看,其断面呈矩形或方形,形如苍蝇的翅膀。许多行家用一支手电筒就可观察样品的翠性从而鉴别翡翠。即使是抛光之后的翡翠成品在透射光下仍可以呈现特别纹路,即组成翡翠的晶体互相结合的边界,翡翠颗粒结合的方式也比较特别,具有镶嵌结构。对于原料的鉴别及大型雕刻品的鉴别而言,结构的观察是非常重要的。有经验者可根据结构辨别翡翠的真假。如在透视光下放大观察"马来玉"可见,绿色的染色剂集中于微裂隙中或颗粒间的空隙。

2) 断口观察

断口是指玉石表面没有抛光的断开面,即使是成品中都可见微小的断裂面。仔细观察微小的断裂面,可见到硬玉与其他似玉矿物或玻璃仿制品的区别:硬玉呈粒状断口,软玉呈参差状断口,石英质玉、玻璃呈贝壳状断口。

3. 测试方法

1) 硬度测试

硬度是指材料局部抵抗硬物压入或刻划其表面的能力。

不同的宝石,有不同的硬度。硬度是我们鉴定宝石的参考因素之一。例如,比较翡翠与软玉的硬度,就不难加以区分,翡翠的硬度比软玉大。翡翠又称硬玉,因硬度比软玉大而得名。又如水晶与玻璃很相似,用水晶与玻璃材料加工成各种首饰和工艺品,用肉眼有时是很难将它们区别开,但水晶的硬度比玻璃大,只要小心测量它们的硬度,就很容易区分开来。矿物硬度的标准可详细参阅本书第三章。

2) 相对密度测试

与硬度一样,相对密度可以帮助我们鉴定宝石。我们常见许多人将玉放在手中掂一掂,然后说"这不是翡翠",因为它很轻。为什么呢?因为宝石的相对密度是固定的,有些宝石的相对密度只有一个数值,有些则有一定数值范围。例如,纯净的钻石相对密度是3.52,是单一数值,但对于多晶质集合体翡翠而言,它的化学成分及矿物组成的变化会影响其相对密度的变化,因此其相对密度的数值在3.20~3.40之间,平均为3.33。因此,以相对密度为依据,我们可以区分外表相似的宝石。以翡翠与软玉为例,软玉的相对密度为2.9~3.1,比翡翠小,分别把它们放在3.33的比重液中,翡翠往往呈悬浮状态,软玉则浮在比重液表面。

3) 折射率测试

光从一种透明介质斜射入另一种透明介质时,传播方向一般会发生变化,这种现象叫作光的折射。宝石的折射率是光在真空(或空气)中的传播速度与光在宝石中的传播速率之比。它是反映宝石成分、晶体结构的主要常数之一,是宝石鉴定的主要依据。每种宝石(玉)具有固定的折射率,例如:硬玉质翡翠的折射率为1.65~1.67,钠铬辉石翡翠的折射率为1.71~1.74,软玉的折射率为1.60~1.62,蛇纹石玉的折射率为1.52,石英质玉的折射率为1.54。

前面我们谈到,可以利用翡翠的各种特性来鉴别翡翠,但用测定翡翠的折射率的方法来鉴别翡翠会更准确,因为镶嵌好的翡翠成品,无法测定相对密度,但却可以测定它的折射率。

4）红外吸收光谱测试

自然界中的宝玉石千差万别，生长的地质环境各不相同，但物化性质极其相似，用常规仪器鉴定翡翠及其相似石和仿品有一定的局限性。要想快速精准地对它们进行区分，我们可采用红外光谱仪测试方法。其方法原理是：由于宝石中不同的原子基团有不同的振动范围，根据基团振动的频率确定宝石的类别。珠宝专业研究人员根据测试样品积累了几十种宝石红外光谱图，不同宝石呈现各自的红外吸收特征，并以此来鉴别翡翠与其相似石和仿品。

第九章 / 翡翠的原料类型

在翡翠市场贸易中,没有统一的原料分类方法。现将行业中惯用的分类方法介绍如下。

一、按翡翠原石出露地表的外形分类

缅甸翡翠次生矿床剖面示意图如图9-1所示。

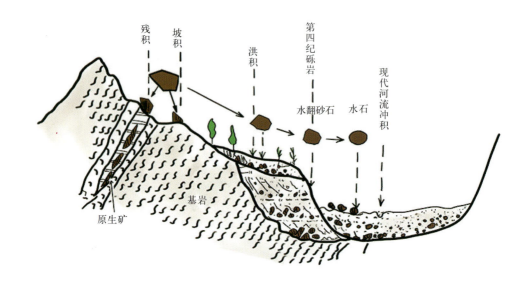

图9-1　缅甸翡翠次生矿床剖面示意图

1. 新坑无皮石(图9-2)

新坑无皮石开采于原生翡翠矿床,没有被风化的外皮质地较粗糙,结晶颗粒大,水头较差。在由新坑无皮石加工而成的翡翠中也有颜色深、水头好的翡翠,只是量较少而已。如"八三"种、"天龙生"及白底青种。

2. 山石(图9-3)

山石又称为山料,指的是其外形呈棱角状,具有尖的棱角,呈多角形的原料。表面无风化外壳,可见到新鲜的表面,质地外露。有的山料可能有很薄的外皮,但也不

图9-2　新坑无皮石

图9-3 山石

难看到其内部质地(图9-4)。

山料的质地一般比较粗,水头较差,水头佳的极少,颜色有深有浅,块度可大可小。

从成因看,山石属于新坑无皮石,即是一种原生矿露出地表后的残积物,或是人们开采出来的原生矿。矿石原料因未经过流水搬运过程,所以保持棱角状。由于未经过流水搬运的自然分类过程,所以山石的质地优劣混杂。

缅甸翡翠矿床的白底青种原料、"八三花青"种原料、铁龙生种原料均属于山料,俄罗斯西萨彦岭矿床的原料也属于山石,危地马拉出产的翡翠原料也较多为山石原料。

图9-4 具有一层风化外皮

3. 半山半水石（图9-5）

半山半水石原料的外形呈现次棱角状或次圆状，也就是说原料外形不具尖棱尖角，而是由弧面代替。

半山半水石的特点是具有一层风化的外壳，外壳的厚薄不一，厚的可达几厘米，薄的有几毫米。这种原料由一层风化外壳所包围，所以无法观察其内部的质地情况，包括有无绿色、质地的粗细、水头的长短、有无裂纹等。

半山半水石的成因：山石经过地表水搬运，将原石冲至较平坦处或小溪中，但未经河流搬运，由于在地表停留一段较长时间而遭受到氧化、水解一系列风化作用过程，使表面产生了风化外壳。

这种半山半水石在原料交易时，一般不切开其外皮，只开一个小窗口供买方观察。由于不易看到全貌，具有很大的赌性，行业上将这种原料称为赌货。

图9-5　半山半水石

4. 水石（图9-6）

水石原料的外形为椭圆形、次圆形，表面很光滑，用手摸时，无任何砂感。即无风化外壳，只有薄薄一层光滑面，是经河水冲过的光滑表面。

此种原料多数在河流下游或河漫滩中产出。这种水石皮薄，用聚光手电筒照射较易见到内部的颜色及颗粒的粗细，一般水头较好，但不一定有很多绿色，常见的是黄色和红色的外皮，行业内称之为巧色料。

图9-6　水石

从地质成因上看,水石是经河流搬运到下游沉积形成的,在河流枯水期会露出水面,遭受氧化作用形成黄色或红色的外皮,涨水期会被河水淹没。经过较长距离河水搬运,其滚圆度会更好。

缅甸北部达木坎矿区是出产水石最多的地方。

5. 水翻砂石(图9-7)

水翻砂石是指圆度较好的翡翠原石,具有水石外形,但有较厚的风化外壳(皮)。有学者推测水翻砂石是原来地表水冲积层中的翡翠原石。水翻砂石的成因:由于地壳运动的上升作用,使冲积层高出河水水面几米甚至几十米,出露地表并经风化、氧化、水解作用,形成不同颜色的风化外皮,且皮的表面可翻出晶体沙粒。因此,根据翡翠原石的形成特征,将它称为水翻砂石。

图9-7 水翻砂石

二、按翡翠原料的外皮类型分类

根据翡翠原料外皮的粗细、颜色、成因,可将翡翠原料分为几十种类型。本书按其外壳的颜色及粗细,分类如下。

1. 白砂皮原石(图9-8)

皮的颜色发白近乎无色,或主要为浅灰色,尤其是干的时候,颗粒几乎像白砂一样突出表面。白砂皮原石的颗粒有粗有细,用手摸一摸能感觉到区别。这种白砂皮的浅层往往没有很多绿色,可能绿色集中在深部。白砂皮原料的地子一般比较干净。

白砂皮还可称为白盐砂皮,即皮的颗粒较细,如盐一样。切开白砂皮一般可得到水头好的石料。行家一般说:砂粗则肉粗,砂细则肉细。

图9-8 白砂皮原石

2. 黄砂皮原石(图9-9)

黄砂皮是翡翠原料皮壳中分布最广的皮色,由氧化铁致色。根据其颜色的深浅,可分为浅黄色砂皮、中黄色砂皮、深黄色砂皮。

一般浅黄色砂皮原石里面多为淡绿色或紫色翡翠,中黄色砂皮原石里面可能含较多绿色,深黄色砂皮原石里面可能含较暗的绿色,如油青种翡翠等。以上推测只能作为分类参考,因存在再生皮,在实际分类中要根据具体情况来确定。

图9-9 黄砂皮原石

3. 铁砂皮原石(铁壳)(图9-10)

铁砂皮的颜色有红棕色的铁锈色,这种皮不规则,就像含铁的石英砂岩,看上去十分坚硬,一般皮的厚度为0.8~1cm。行家认为这种皮的石料数量不多,里面的质地较好,玉质较老。铁砂皮原石的外形具次棱角状,属于残积成因,即所谓的山石。质地较好的铁砂皮翡翠呈棱角状至次棱角状,属于冰地,且有鲜绿的根色。

图9-10 铁砂皮原石

4. 黑砂皮原石(图9-11)

黑砂皮原石可进一步分为黑砂皮和乌砂皮。

黑砂皮略带灰色或绿色,乌砂皮原石的表皮呈较深的黑色。有经验的人会仔细观察砂皮的粗细及颜色的深浅。行家认为,黑砂皮原石里面会含较多深绿色的翡翠,并且往往可能是满绿色的翡翠,价值较高。但看翡翠原料,不但要看它有无颜色,还要看地子好不好,因为乌砂色与地子重叠在一起,即使有绿色,也会影响其颜色的鲜艳度。所以行家认为"乌砂要赌底",就是指评价乌砂皮原石的颜色,关键在于地子是否干净。

图9-11　乌砂皮

黑砂皮原石与乌砂皮原石的不同特点是：虽然同样是黑皮，但是乌砂皮原石的皮不是纯黑色，而带有绿色，往往是一种再生皮，皮表有一层不厚的黑皮呈墨绿色，切开后可见里面白色的肉，即所谓的"皮笑肉不笑"。当黑砂皮原石开水口时，可见到绿色。据化验分析可知，这种绿色由绿泥石致色，是胶结构中泥质物在还原条件下形成的一种次生色，颜色似油青色，称为次生油青（图9-12）。

图9-12　次生油青（黑砂皮原石）

5. 水皮石

水皮石主要指滚圆度较好，具有椭圆形棱角的翡翠原料。其外皮光滑，手摸上去没有砂的感觉，表面有水冲的痕迹，放大镜观察可见粒状及小凹洞，皮很薄，皮的颜色则视翡翠而定。水皮石可呈黑色、褐色、黄色等，由于皮薄，较易透视里面的颜色；肉的颜色呈淡绿—鲜绿色。一般业内人士均认为水皮石的质地较细。水皮石外皮也有不同的颜色，大多为褐色，也有青色、淡色、黄色等。水皮石由于皮薄，可以加工成更多品种的成品，所以价格较高。水皮石是由现代河流在长期搬运的过程中滚磨而形成的，经过高度分选，质较紧密的翡翠才能被保留下来，所以说，水皮石可以加工成质量较好的翡翠，多数是质细、透明度高的原料。

第九章　翡翠的原料类型

6. 蜡皮石(图9-13)

蜡皮石是一种半山半水的翡翠原料，具有光滑的皮，呈蜡状光泽，颜色有黑色、黄色，多为棕红—褐红色，颜色如腊肉的色泽，形状为次棱状至次圆状。因其表面含蛇纹石，用刀能刻动蜡皮。一般认为里面的质地会较细，但不一定有颜色。蜡皮石主要产自会卡坑口。

图9-13　蜡皮石

三、按内部可见度分类

1. 暗货(图9-14)

若翡翠原料周围有一层外皮，则很难见到里面肉的情况，完全无法搞清翡翠的颜色、透明度、质地的粗细，所以要靠经验与运气来筛选。这种有一层皮而看不到内部情况的翡翠原料被称为暗货、蒙头货或赌货。用手电筒照射暗货，可在有些皮较厚的地方观察到里面有无颜色。也可在暗货中开1~2个水口(图9-15)：水口越少，赌性越大，价格越低；水口越多，价格越高。

图9-14　暗货

图9-15　具水口的赌货原料

2. 明货（图9-16、图9-17）

业内人士将原料无外皮遮挡，玉质完全出露，颜色、质地、水头、净度均可见的新坑无皮石或已去皮的原石，称为明货。这种原石在缅甸政府举行的原料拍卖会上可见到，价格较暗货高。

图9-16　明货

图9-17　没有皮的明货原料

3. 半明半暗货（图9-18）

对于有皮的翡翠原料，当切开一半或切开一面时可以看见大面积翡翠原料里面的颜色及水头的情况，但是对其延深部分的情况还有待进一步推断。这种一半有皮、一半无皮的原料，被称为半明半暗货。由于翡翠是在漫长的地质作用中形成的,它的颜色、质地、裂纹情况等都会随着不同的地质环境发生变化,因此半明半暗货仍然具有赌性。

图9-18　切开的半明半暗货原料

第十章 / 翡翠的原料加工

中国有句名言："玉不琢，不成器。"从矿区开采出来的翡翠原料，到制成多姿多彩的首饰成品，要经过多少工序才能完成呢？当前的翡翠加工艺术传承了我国几千年独特而传统的玉石加工艺术（图10-1），并将之发扬光大。中国的琢玉工匠善于充分利用翡翠原料本身的特色，因料施工，对变化多样的色彩进行俏色加工，在省料的基础上达到最完美的艺术效果。

不同的地区、不同的翡翠加工师傅都有不同的文化设计风格及雕刻风格。在市场经济条件下，人们首先考虑的是经济效益。不同档次的原料，加工原则也有所不同。但总的原则是：物尽其用，尽量按大件的标准制作成品。总的来说，翡翠从原料到成品要经过以下一系列的加工过程。

图10-1　古代玉器加工图

一、原料分析——审料

翡翠原料多种多样，在加工之前首先要对原料的实际情况有全面正确的了解，也就是要掌握加工对象的具体状况。有经验的师傅进行了总结，即去皮向纹，就色避裂。具体分析如下。

1. 对翡翠裂纹的分析

有无裂纹、裂纹的多少决定了原料的用途（图10-2）。

观察裂纹时，不怕有大裂纹，但怕有小裂纹。开石一般沿大裂纹而开，再看有无小裂纹或内裂等以及它们的延伸方向、裂纹性质、与颜色的关系等，从而判断原料的可能用途（图10-3）。在加工成色好的翡翠原料时，首先考虑做成手镯。在加工成色较差的翡翠原料时，应先考虑做成大件雕件或摆件（图10-4）。若做不了手镯，根据其质地再考虑做其他光身的挂件、戒面、鸡心、葫芦、蛋面等。

图10-2 分析裂纹的组数和性质并决定其用途

图10-3 裂纹

图10-4 裂纹太多、水头差的翡翠原料只考虑做成雕件

2. 对翡翠颜色的分析

在将翡翠原料制作成成品时，须根据颜色的浓淡、鲜暗、正偏、有无内灰、有无杂质等，并结合裂纹的大小、走向、性质等确定成品类型。还可以结合原料的大小、颗粒的粗细、透光性等因素，来判断原料可适宜于加工成何种成品。

3. 对翡翠纹路的分析

在开石前，还应观察翡翠纹路（即晶体排列的方向）以及颜色与纹路的关系。切石的原则一般是顺纹而切，这样可以得到均匀的颜色。应在纹路分析之后决定切石的方向（图10-5）。

图10-5 观察裂纹并分析裂纹对颜色的影响

二、开石切片

开石切片是指剖开石料的第一刀。经过细心的观察和判断之后,便要选定方向剖开石块。若具有裂纹,则第一刀主要是顺大裂纹的方向切开,或顺裂切开。

三、切片备料

在第一刀切开玉料之后,我们对其颜色、裂纹分布和水头(透光性)等情况可掌握得更加清楚,这时要依据下列因素来决定下一步的工作——切片备料。

1. 依据水头的长短(即光可透过的深度)

透光性高的原料可以用来制作较厚的饰物,如鸡心、蛋面等;透光性差的原料,就需切薄一些(叫作"薄水货"),可考虑用来制作怀古、玉扣或马鞍等较薄的饰物。

2. 根据颜色的深浅和鲜阳度、有无杂质等

颜色深的翡翠原料(如乌砂种)不能做成厚度大的款式,但可制作成容易掏底的款式,如六节、树叶、平安扣等。颜色较浅的翡翠原料适合制作成厚度大的圆雕,如为了呈现紫色翡翠颜色浓度高的特征,可将紫色翡翠做成仙桃、葫芦等成品,更好地体现美感。

3. 依据货形的要求

不同的货形要求不同的厚度。以手镯为例,圆条手镯一般要求厚度为10mm;扁的手镯要求宽度大些,厚度为12~14mm;对翡翠花件(翡翠挂件)的切片厚度要求更高。对于不同质地的原料,厚度要求也不同。

琢制挂件的厚度为1.0cm左右,应按裂纹切分,大小均可,如有满带,则按色带切出。如制作牌类,牌形横竖比例以4:6左右为宜,厚度在1.0cm上下,应视材料而定,就料不就工。在琢制蛋面时,对种、水、色要求极高,大小应据其种、水、颜色(是否均匀)而定。

四、设计划样

设计划样要遵循两个基本原则,第一个原则是量料取材、因材施艺(图10-6)。依据料形,可将挂件设计为随形山水、诸佛菩萨造像、瓜果禽鸟等造型。第二个原则是最大限度保色保料,避裂除绺。如对多彩料应做俏色设计,巧雕俏色。

如材质上佳,应多作预案,反复斟酌,或与人共议,慎重定稿。图稿既定,可取油笔画于玉上,审慎调整,除绺避裂,力争完美。更精细的做法是以石膏为材料做出多个模型进行对比,以观其效,择优而定。

图 10-6　原料设计

五、切　形

切形是指用铊机切出所划出的玉件轮廓（图 10-7），应尽可能地保留最大的体积。

六、光　胚

我们一般会将开切好的蛋面粒或珠籽粒进行冲胚，也就是把切形逐个磨型（图 10-8）。一般用 60 号磨轮冲磨。磨轮有 60 号、80 号、220 号、400 号等不同类别，号码数由小到大，反映磨轮由粗到细。

图 10-7　用铊机切出所划出的玉件轮廓

图 10-8　切形后冲胚

七、打　磨

在冲磨成光胚的基础上，再用粗细不同的砂轮把光胚打磨成型，即打磨成设计的货形。一般总是先用粗的砂轮磨，逐渐再用细砂轮磨。货品形象是否逼真，细部线条是否刻划清楚，都是由这一工序来决定的。俗语云"玉不琢，不成器"，"琢"就是磨，"琢磨"一词即来源于玉石加工。所以，打磨是玉石加工过程中一个非常重要的工序。

八、"过酸梅""过灰水"

打磨抛光后的翡翠,表面会存在很多瑕疵,这时需通过酸洗的方式将翡翠表面的残留污垢清洗干净,这个过程称为"过酸梅"。所谓"过酸梅",指的是短时间的洗净。它与泡强酸不同,对产品无损伤。经过"过酸梅"之后,还要将翡翠的表面清洗掉的污渍漂洗干净,漂洗翡翠之后的水呈现灰色,这个过程叫作"过灰水"(图10-9)。

图10-9 "过灰水"

九、出 水

出水就是为翡翠毛料抛光的过程。工艺师在雕琢翡翠时,通常要运用各种刻磨工具来将翡翠原石磨刻成艺术品,这个过程会在翡翠表面留下大量的磨搓痕迹。为了去除这些痕迹,就要对翡翠进行抛光,可分为以下四个工序。

(1)粗打:去掉雕刻时留下的粗糙磨搓痕迹,可用打磨石机和砂轮、砂纸等。
(2)细打:用胶砣以轮磨的方式对翡翠制品的细微之处(如观音头上的发丝等)进行打磨。
(3)上光:将翡翠制品打上钻石膏,再用抛光机抛光使表面更加光亮。
(4)清洗:将上光完毕的翡翠制品用超声波清洗机清洗,机器洗不到的地方再人工擦洗。

十、炖蜡或喷蜡

炖蜡或喷蜡的目的是使翡翠成品表面有一个光滑的表面,从而提高其光泽。因为多晶质宝石中的矿物晶质呈柱状,需要用蜡填补每个晶体不同方向的不平处,更重要是可以防止污秽的渗入。

过蜡的方法有以下两种。

(1)炖蜡:将川蜡(白色)加热使川蜡熔于一种器皿并与物件一起置于锅中,炖一段时间,使液态的蜡可以浸入翡翠表面凹坑及微裂隙中(图10-10)。
(2)喷蜡:对于较大的雕刻品,可将翡翠成品放在烘炉中加热至70~80℃,然后喷一些川蜡上去,或将雪片状的蜡粉涂上去,让蜡在热的加工品表面熔成液态浸入凹坑中。

炖蜡和喷蜡工序完成后,最后一个步聚是擦蜡。用毛巾或竹签再将表面的蜡擦去,这样就可以使翡翠表面闪闪发亮,由此可以得到很光滑的平面。炖蜡之后,翡翠的颜色会加深。

图10-10 炖蜡

第十一章 / 翡翠评估

翡翠是东方的瑰宝,历来受到古今中外人们的推崇。翡翠中所蕴含的文化内涵,更体现了其独特珍贵之处。

要评估翡翠的价值诚非易事:翡翠中既有几百元的低档品,亦有天价的收藏级极品,当中的差异有如云泥之别。因翡翠为多晶质矿物集合体,颜色种质变化多端,而晶体颗粒的粗细又影响其透明度,所以就算是同一块原料亦会有不同的级别。除了物料本身的价值外,翡翠原料在经过精心的加工成为成品后,其价值亦随之上升。

一、翡翠的级别

经多年的考察及资料搜集,笔者总结出一套翡翠的评级系统,将之概括为"4C2T1V"(图11-1)。

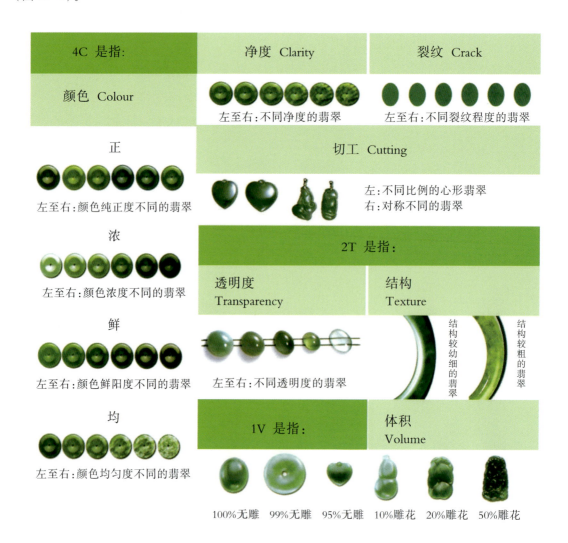

图11-1　翡翠评级系统"4C2T1V"

此评级系统虽不能作为报价的参考,但却可以帮助消费者明确翡翠的档次,再以此为依据并根据市场的定位确定其相对价值。此方法是将行内人传统的定价方式,以"4C2T1V"的原则将之具体化。

在运用"4C2T1V"的分级法则时,需要以先天+后天的正面因素减去负面因素[由(Transparency+Texture>Colour>Volume>Craving)-(Clarity>Clack)]的方式评估翡翠的级别。那么,在这个过程中为什么要先看种质(地子)(Transparency Texture)呢?因为种质(地子)的好坏会直接影响到价值。

地子差、不带色(如粉地)的翡翠价值很低,翡翠地子好(如玻璃地)则价值高。然后看成品对材料的占用率(包含已损耗的),即大小。最后看制作工艺。以上评估因素都是决定翡翠价值的正面因素,而瑕疵和裂纹则是决定翡翠价值的负面因素。具体的评估步骤见表11-1。

表 11-1　翡翠价值的评估步骤

第一步	Transparency透明度(种)		Texture结构(质)	
	↓			
第二步	颜色(Colour)			
	浓(Tone)	正(Hne)	鲜(Saturation)	均(Evenness)
	↓			
第三步				
↓	切工(Cutting)(造型、工艺、比例、轮廓、厚度)			
第四步				
↓	体积(Volume)			
第五步				
结论	裂纹(Crack)		净度(Clarity)	

二、颜　色

对于贵重的宝石,如翡翠来说,其颜色是决定其价值的重要因素。光源的强弱、色温好坏会影响肉眼对颜色的观感,故在判断翡翠的颜色时,应注意光源(图11-2)。

(1)天然光源。日光光源最能展现出翡翠的颜色,但必须以中午的阳光为准,不同的时间色温有异,早上阳光偏红色,下午3点后开始偏黄色,黄昏的阳光偏橙红色。晴天的

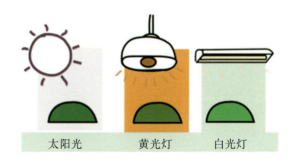

图 11-2　光源

色温会比阴天高,在不同的纬度亦会看到不同的色调,一般来说,在中午的日光照射下观察宝玉石的颜色最佳。

(2)灯光。不同种类的灯光对翡翠的颜色亦有影响,黄光灯(钨丝灯)色温偏暖,故在此光源下看翡翠,鲜艳度及饱和度更高;反之白光灯色温偏冷,绿色的翡翠在此光源下会呈较暗及淡的绿色。

另外,由于翡翠为多晶质集合体,在透射光下观察效果不佳,故观察翡翠的颜色以反射光为准。

一般来说,颜色是由色调、明度、饱和度三大要素组成(图11-3)。笔者根据颜色的三大要素,将从以下几个方面评估翡翠的颜色。

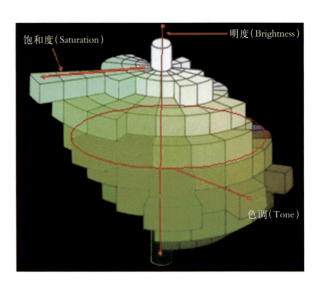

图11-3 颜色的组成要素

1. 浓(Tone)

颜色的浓度,是指其饱和度,即颜色的深浅,极浓为黑色,而极淡为无色(白色),在此之间的变化即为浓度。若以纯浓的绿墨水为例,其饱和度为100(即最深色),然后一直按比例冲淡,它的饱和度就随之降低,即颜色逐渐变淡,直到完全无色,饱和度等于零。

在评价翡翠颜色时,可表达为:有无颜色,颜色有多少,浓淡如何。颜色的深浅是比较直观的判断标准,一般人们只将颜色分深、中、浅的程度。色彩学上人们习惯将颜色的浓度值以百分制计算,100%是最浓的绿色,90%次之,以此类推。为方便评估,笔者建议将颜色的浓度分成六级(表11-2)。

表11-2 颜色浓度分级

极浓 (95%~100%)	偏浓 (90%~95%)	适中 (70%~80%)	悄淡 (50%~60%)	偏淡 (10%~40%)	极淡 (0%~5%)
肉眼感觉暗黑	色调较深	色调恰到好处	色调清淡	有色但偏淡	肉眼感觉无色

浓度对价值的影响:业内人士习惯将翡翠颜色的浓度以"老"称之,浓的称之为"老",淡的称之为"嫩"(图11-4、图11-5)。浓度并非愈浓愈佳,而是以70%~80%为最佳,高档翡翠的浓度多为此级别。过高的浓度会使翡翠呈黑色,过淡的则呈无色,价值反之会下降。地区及年龄这两个因素导致人们对翡翠浓度的偏好有差异:中国北方及台湾省的人们对偏浓的翡翠情有独钟,热带地区如新加坡等地的人们则更偏爱颜色较淡的翡翠;中国香港市民喜好则介于两者

浓　　　　　　　　　　　　　　　　　　淡

图 11-4　绿色翡翠浓度变化

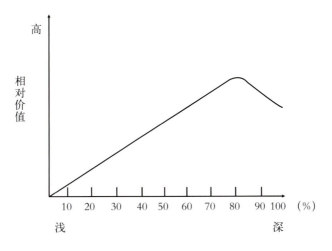

图 11-5　绿色翡翠与价值的关系

之间，即认为翡翠浓度以 70%～80% 最佳。年纪大的人较喜爱色浓的翡翠，年轻人多喜爱色淡的翡翠。

需要留意的是，翡翠切工的厚薄亦会影响我们对浓度的感觉：造型厚的翡翠，颜色显得深些；造型薄的翡翠，颜色会显得浅些。

2. 正（Hue）

正是指色彩的纯正度，颜色是由三原色红色、蓝色、绿色所组成，若将三原色平均各置放于圆形色盘中（图 11-6），颜色的衍生就是三个原色之间的变化，如正红色至正黄色间会衍生橙色的变化，正黄色至正蓝色之间亦衍生绿色等，周而复始。而在此色盘中任何一点的颜色就是色相。可见，在色相的变化中并不存在黑色、白色、灰色。

图 11-6　颜色色盘

绿色翡翠的色相变化于黄色至蓝色之间,以正绿色为最佳。颜色的纯正对其价值的高低有很大的影响。同是绿色的翡翠,高档的翡翠为正绿色。若颜色与正绿色有偏差,则对翡翠的价值影响较大。一般来说,正绿色的翡翠价值最高,而稍带一点黄色的翡翠的价值会略有降低,但若偏蓝色则会大大损害其价值。为方便评估,笔者建议将其纯正度分为以下六级(表11-3,图11-7)。

表11-3 翡翠的纯正度分级

偏黄 (-35%~40%)	稍黄 (-5%~10%)	正绿 (0%)	悄蓝 (-25%~30%)	偏蓝 (-60%)	偏灰 (-80%)
有明显的黄色混入	肉眼能感觉到一些黄色	最纯正的绿色	肉眼能感觉到一些蓝色	有明显的蓝色混入,有油味	给人以暗而脏的感觉

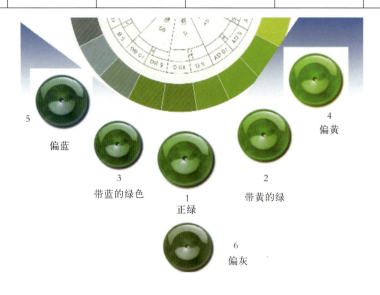

图11-7 绿色翡翠颜色正偏范围变化图

3. 鲜(Saturation)

鲜是指颜色的鲜艳度,即由灰色(无彩)至极鲜可表示为0%~100%的变化。和其他宝石一样,愈鲜的翡翠,价值愈高,业内人士称之为鲜阳度。翡翠具有鲜绿色是因为铬离子以类质同象替代硬玉中的铁离子而进入翡翠,而缅甸翡翠的铬离子成分含量比其他产地高,故其价值亦相对较高。笔者将翡翠的鲜阳度分为以下六级(表11-4,图11-8)。

表11-4 翡翠的鲜阳度分级

很鲜 (95%~100%)	鲜 (90%~95%)	尚鲜 (70%~80%)	稍暗 (50%~60%)	暗 (10%~40%)	很暗 (0%~5%)
极鲜艳	颜色鲜艳	色调尚可	色调带灰	有色但偏灰	非常灰,无色调

鲜 —————————————————— 暗

图 11-8 绿色翡翠的鲜阳度分级

先前提及,光源的强弱及色温对色调的影响极大,在黄光灯或强的阳光(暖色温)底下翡翠的鲜阳度较高,反之在日光灯(冷色温)底下翡翠的鲜阳度较低。所以一定要在标准的光源条件下以反射光源观察,并以色板对照。

4. 均（Evenness）

在考虑了颜色的浓、正、鲜后,要再按其均匀度调整级别。

不均匀是翡翠颜色的特点,由于翡翠是由无数微小晶体组成,每粒翡翠的颜色不可能均匀一致。即使同一粒饰物,从不同方向观察,顺纹切和逆纹切的翡翠都呈现不同的均匀度。在对翡翠的均匀度进行分级时,应从不同的角度(顶部、底面、侧面)观察并按其颜色的分布进行分级。笔者将翡翠颜色的均匀度分为以下六级(表11-4)。

表 11-4 翡翠的均匀度分级

非常均匀 95%~100%	均匀 80%~95%	尚均匀 60%~70%	不均匀 40%~50%	不均匀 25%~30%	非常不均匀 10%~15%
绿色布满整个空间	有80%~95%的空间是满绿色	有60%~70%的空间是满绿色	只有一半的空间是满绿色	只有25%~30%的空间是满绿色	大部分空间呈不均的颜色

颜色愈均匀的翡翠,价值愈高,反之愈低。当然,评估均匀度还要看其含量和分散程度。例如,一只翡翠手镯所含的不均匀绿色的面积只占手镯总面积的20%,若这20%的颜色愈集中,则价值愈高;若颜色很分散,则价值愈低。可见,颜色的集中程度及分布形式对翡翠价值亦有影响。另外,在评估翡翠均匀度时,应以原生色的分布为主要评估因素,而其他的白斑、黑斑及棕色则视之为瑕疵。

三、透明度

翡翠为多晶质矿物集合体,组成翡翠的颗粒粗细不同,晶形及结合方式不同,可以让光通过的能力也就不尽相同。翡翠所透过的光越多,它的透明度就越高,呈晶莹通透的感觉,业内人士称此现象为"水头"足或"种好"。反之,当翡翠透光的能力差,则会被评为"水头"差或"种差"。透明度对翡翠评估具有极大的影响力。即对于色调暗且颜色不均匀的翡翠来说,若透明度佳则可提升其评估价值。

故此,在评定翡翠的级别时,透明度是一个重要的评价因素,甚至有业内人士认为透明度好比色佳更重要。

在评定翡翠的透明度时,应以聚光手电筒照入翡翠的深度来区分。根据光线照入深度,透明度可划分为不同的水头,行家通常这样表述:3mm的深度为1分水,6mm的深度为2分水,9mm的深度为3分水。笔者将翡翠的透明度分为六个级别(表11-5,图11-9、图11-10)。

表11-5 翡翠的透明度分级

非常透明	透明	尚透明	半透明	次半透明	不透明
玻璃种	次玻璃种	冰种	次冰种	似冰种	粉底
水头:2~3分水 深度:6~9mm 或9mm以上	水头:1.2~2分水 深度:4.5~6mm 或6mm以上	水头:1~1.5分水 深度:3~4.5mm	水头:0.5~1分水 深度:1.5~3mm	水头:0.5分水以下 深度:1.5mm以下	不透光,无水分

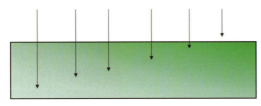

图11-9 不同深浅翡翠透明度示意图

图11-10 不同透明度的翡翠

透明度对翡翠价值的影响与其颜色是相辅相成的。在一定的颜色条件下,透明度越高,价值也就越高,两者成正比关系。但在价值较低的货品中,透明度的影响不是很明显。若翡翠的颜色很差,透明度再好,其价值也只能提高少许。然而对高价货和极高价货来说,透明度对价值的影响比对颜色的影响更加重要:一件颜色级别高的翡翠成品,如果透明度较差,那么它的价值不会很高。反之,若透明度非常好,其价值可提高十多倍。

要注意的是,翡翠的透明度会受以下一些因素影响。

(1) 翡翠本身颜色的深浅：颜色愈深，透明度愈低。

(2) 翡翠本身的厚度：厚度愈小，透明度愈好。因此评价翡翠透明度一定要考虑到翡翠成品的厚度。

(3) 伴生矿物的存在：当光线进入翡翠内部，照到包裹体上而不能发生折射时，则会被反射，令光不能通过，降低了透明度。

(4) 翡翠颗粒的边界空隙：直线式边界或不规则的边界会对翡翠透明度有不同程度的影响。

此外，对不同造型的玉件来说，透明度的影响也是不同的：体积小的首饰，如戒面、耳环等，颜色就比透明度重要；而大件的首饰如手镯、吊坠，在某些情况下透明度可能要比颜色更重要，当中尤以手镯为甚。

四、结　构

翡翠的结构是指其晶体的粗细、形状及结合的方式，行业上称之为"地"或"质"。翡翠成品结构的好坏对其美观性及耐久性有很大的影响，故是评价翡翠的重要一环。

事实上，结构与透明度有着不可分割的关系：质地越细，透明度越高；质地越粗，透明度越低。质地对光泽有重要影响：质地越细，抛光程度越好，表面光泽也越强，即所谓有刚性，大大增加了翡翠的美感；质地粗的翡翠由于晶体排列无定向性，影响了抛光性，光泽较弱。

由于大多数翡翠均具中粒至粗粒结构，质地细的翡翠在自然界非常稀少，可以说是凤毛麟角，故其价值亦较高。翡翠的结构可按颗粒大小分为以下六个级别（表11-6）。

表11-6　翡翠的结构分级

透明度						
晶体粗细	非常细粒	细粒	中粒	稍粗粒	粗粒	极粗粒
价值	100%	-10%	-20%	-40%	-60%	-80%
肉眼观察晶体大小	粒径为0.1mm，肉眼极难见到	粒径为0.1~0.4mm，肉眼难见	粒径为0.5~1mm，肉眼可见	粒径为1.1~1.5mm，肉眼易见	粒径为1.6~2mm，肉眼明显可见	粒径为2mm以上，颗粒十分明显

综上所述，在评价结构与翡翠价格的关系时，要考虑到结构对透明度、抛光度和耐久性的影响及其稀有性。

五、切 工

翡翠成品的切工评级应从造型、工艺、比例、对称、完成度加以评定。

要注意的是,翡翠加工成品大致分为光身成品(无雕)及雕花成品两大类,其中光身(无雕)包括蛋面成品、马眼形成品、马鞍形成品、心形成品及手镯等。雕花成品亦会按已雕面积的多寡而分。单从原料评估的角度来看,光身成品对净度的要求高,不能带裂及明显的瑕疵,故评估的价值较高。而雕花成品多为去掉原料本身存在的瑕疵而做,整体的价值反而会因雕刻的程度而降低,所以在同样的色、种、质的情况下,新工光身成品的价值会高于雕花成品。当然,雕花的艺术价值亦可能会将成品的价值提高,但这仅是对中低档翡翠而言。本章切工的评级主要针对的是光身成品,雕花成品因涉及工艺的附加价值,在此不做论述。

在古代,成品的加工以料就工为原则,即为追求造型的完美而不惜牺牲珍贵的材料,故能达至较理想的比例、厚度及对称性的要求;近代在翡翠成品的加工过程中,人们为降低加工成本,以工就料为原则,故难以达到较高的要求。

(1)造型:是指轮廓分明、整体的布局,即所谓"卖相"。

(2)工艺:工艺的好坏是指雕刻的线条是否细致、造型是否优美、色的运用是否巧妙等。

(3)比例:对翡翠成品来说,比例的好坏是非常重要的,它影响着翡翠的美感。评定翡翠成品的比例要注意其长度、宽度及厚度的比例是否恰当(表11-7)。

表11-7 不同光身成品的比例要求

造型	椭圆形	马鞍形	马眼形	梨形	心形
标准	(1.20~1.40):1.00	(2.20~2.70):1.00	(2.10~2.50):1.00	(1.20~1.40):1.00	(0.90~1.15):1.00
略宽(短)	(1.19~1.15):1.00	(2.19~2.00):1.00	(2.09~1.90):1.00	(1.19~1.10):1.00	(0.89~0.80):1.00
宽(短)	(1.14~1.10):1.00	(1.99~1.80):1.00	(1.89~1.70):1.00	(1.09~1.00):1.00	(0.79~0.70):1.00
太宽(短)	1.09:1.00以下	1.81:1.00以下	1.69:1.00以下	0.99:1.00以下	0.69:1.00以下
略窄(长)	(1.41~1.50):1.00	(2.71~2.90):1.00	(2.51~2.70):1.00	(1.41~1.50):1.00	(1.16~1.25):1.00
窄(长)	(1.51~1.70):1.00	(2.91~3.20):1.00	(2.71~2.90):1.00	(1.51~1.65):1.00	(1.26~1.35):1.00
太窄(长)	(1.71~2.00):1.00	(3.21~3.70):1.00	(2.91~3.20):1.00	(1.66~1.90):1.00	(1.36~1.50):1.00
极窄(长)	2.01:1.00以上	3.71:1.00以上	3.21:1.00以上	1.91:1.00以上	1.51:1.00以上

翡翠成品的厚度往往取决于翡翠原料的颜色和水头,但从评价的角度考虑,以标准厚度为准。标准厚度是根据成品的宽度确定的。厚度为宽度的50%~60%较好。例如,一个长21mm、宽14mm的戒面(蛋面)的标准厚度为7~8.4mm,业内人士认为厚度:阔度:长度的理想比值应为1:2:3。表11-8列出了一些成品的宽度和相对应的标准厚度。

表 11-8　翡翠成品的宽度和相对应的标准厚度

宽度/mm	8	10	12	14	16
厚度/mm	3.54	4.5～5.0	5.5～6.0	6.5～7.0	7.5～8.0

对于蛋面翡翠，还要考虑侧面弧度与凸度。一般来说，根据剖面形态，蛋面型翡翠可分为以下几种类型（表 11-9）。蛋面型翡翠的剖面形态见图 11-11。

表 11-9　蛋面型翡翠的类型

序号	弧度	弧度百分比	价值
5	挖底型	15%～20%	20%～30%
4	凹凸型	50%～60%	50%
3	平凸型	100%	80%
2	双凸型	110%（9∶1）	90%
1		120%（8∶2）	100%

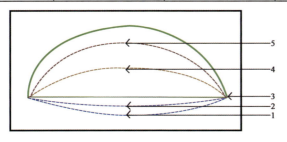

图 11-11　蛋面型翡翠的剖面形态
注：1、2.双凸型；3.平凸型；4.凹凸型；5.挖底型

双凸型的戒面比较受欢迎，因为种好的翡翠显得晶莹。其中上凸九、下凸一或者上凸八、下凸二的形状分别称为九一型和八二型，可达最好的光学效果。所谓旧工均采取此种比例。

挖底型翡翠要看挖空的程度，若双凸型翡翠戒面价值是 100%，则平底型的是 80%。颜色太深的翡翠多加工成凹底以增加透明度，但其价值会降低。价值升降幅度要视其挖底的深度而定：一般降低 30%～50%。挖得越薄，价值越低。若挖得只有如鸡蛋皮那样薄薄的一层，其价值就只剩原价值的 10% 了。

（4）对称：是指其左右、上下的对称程度，有无歪斜现象（图 11-12）。

（5）修饰：翡翠切工的修饰即完整度，其判断标准在于有无瑕疵。未经雕琢的翡翠原石大多数都有各种各样的瑕疵，如棉絮、斑点、裂痕、坑洼等。

图 11-12　翡翠成品的对称：左歪斜、右对称

翡翠切工的好坏会影响翡翠的美感，切工不好会使翡翠光学效果降低。翡翠的切工质量分级标准如表11-10所示。

表11-10 翡翠切工质量分级表

切工分级	轮廓	对称	比例	厚度
非常好	很标准	很好	极佳	饱满
很好	标准	好	佳	佳
好	一般	一般	适中	中等
一般	稍不正	稍差	一般	稍薄
不甚好	不正	差	不佳	薄
差	歪斜	非常差	差	挖底/薄水

六、净　度

净度是评价翡翠的一个重要因素。翡翠的净度也称瑕疵度，主要是指一些影响翡翠外观的因素。翡翠的净度是由翡翠所含瑕疵的数量、大小、形状、位置及底色的反差等因素对其外观的影响程度所决定的。由于翡翠是多晶质矿物集合体，因此影响净度的因素比较复杂且多样。翡翠瑕疵的产生原因有以下三个方面。

（1）由所组成矿物本身颜色深浅不同所致。

（2）由共生矿物所致，如长石、钠铬辉石、闪石类矿物。另外，还有金属矿物（铬铁矿、辉矿）及非晶质物质等。

（3）由存在于裂隙中的次生矿物所致。

翡翠的瑕疵应分为以下类型。

1. 按颜色分类（表11-11）

表11-11 瑕疵的分类（按颜色分类）

颜色	黑色		棕色	白色
	死黑	活黑		
性质	长柱状角闪石，呈芝麻状黑点或黑色的丝状物	是深绿色的钠铬辉石，其特点是边上有扩散的绿色的色晕	由次生矿物或纤维状矿物组成，称为"猫水"	为闪石类矿物，是后期热液变质矿物，有点状亦有丝状

2. 按呈现形状分类(表11-12)

表11-12 瑕疵的分类(按呈现形状分类)

点状瑕疵	这种点状瑕疵与周围翡翠的颜色有明显的区别。按矿物组成可分为黑色瑕疵(黑花)和白色瑕疵(白化)。一般来讲,深色翡翠往往含有黑色瑕疵,而浅色翡翠常含有白色瑕疵
丝状瑕疵	丝状瑕疵主要是由纤维状矿物组成,多数为棕色,形状像烟丝一样。这些丝状瑕疵会使翡翠的颜色显得较暗。此外,还有一种丝状的瑕疵为白色,有时会浮现在表面,这样会降低透明度和鲜阳度,行家称之为"白花盖顶"
薄膜状瑕疵	呈黑色和棕黄色,是由次生矿物引起的。这些黑色和棕黄色的次生矿物,使翡翠显得很"脏",影响了颜色的纯正度,因此降低了其价值

我们可按瑕疵与底及色的反差度高低,瑕疵的形状、大小及位置,并综合对美观度有不同程度的影响来判定翡翠净度。笔者将翡翠净度分为以下六个级别(表11-13)。

表11-13 翡翠的净度分级

净度标准						
净度级别	干净	微花	小花	中花	大花	多花
价值	100%	-5%	-10%	-20%	-40%	-60%
肉眼观察	肉眼见不到瑕疵	肉眼可见到瑕疵,但反差不明显	肉眼可见边上的瑕疵	稍微可见到反差大的瑕疵	明显见到瑕疵	有非常明显的瑕疵,和底色的反差极大

七、裂　纹

裂纹在评定翡翠成品的级别中十分重要,因为裂纹具有破坏性,会影响翡翠成品的耐久性及其美感。翡翠是多晶质、多矿物、多期性的宝石,与单晶单矿物宝石裂纹的观察相比,对翡翠裂纹的观察难度更大。

在评定收藏级、高档次的翡翠,尤其是光身切工的翡翠时,对裂纹的观察要求会更高、更严格。因为裂纹对翡翠成品级别影响很大,而对于档次较低的翡翠成品,尤其是雕工修饰多的成品,对裂纹的观察要求会降低。因为雕刻师傅在加工翡翠成品时,会用一些线条掩盖一些裂纹。

根据翡翠成品中裂纹出现的多少,延伸的长短,出现的部位是在边缘还是中心,是在表面还是内部,可将翡翠裂纹分为六个级别(表11-14)。

表 11-14　翡翠的裂纹分级

裂纹标准						
等级	无裂纹	微裂纹	难见纹	可见纹	易见纹	明显裂
价值	100%	−5%	−10%	−20%	−40%	−60%
肉眼观察	无任何裂纹	边上有愈合裂纹	在边上有少许裂纹	有较多的愈合裂纹	用透视光易见到若干裂纹	肉眼易见到裂纹

八、体　积

下面我们来分析在色、种、质、工、净度、裂纹相同的前提下,体积的类型及其对价值的影响。对高价翡翠来说,体积对价值影响更大,但因为其结构的复杂性及多变性,翡翠的价值并不能单单以体积的大小来衡量,而应以其货型相对于原料的损耗度(因为需要使用的翡翠原料越多,其成品的叫价会愈高)及取料的难度来衡量。不同的货型需要用的原料的数量(重量)不同,可先以无雕及有雕来分,其中无雕的翡翠档次较高。

在翡翠首饰中,按原料价格来讲,制作手镯和珠链所需要用的料最多,因此评价时首先考虑以下货型。

1. 翡翠手镯

1kg的翡翠原料可用于制作3~3.5只手镯。按质量而言,在正常情况下,一串直径9mm珠链所用的原料可以做2个手镯。按取料的难度看,做手镯时需要用完整的无裂、无瑕疵、块度足够大的原料加工。而珠链则可用许多块度小得多的原料进行加工制作,例如用边角料加工而成。所以,在评价手镯价格时,要考虑体积因素。满色、色好、种透、质细、无裂的翡翠手镯即可以卖到2000万港元并非奇事。完美的翡翠手镯事实上罕世难觅,因为色好、种透、质细的翡翠主要呈根色产出,而根色翡翠却易产生多组裂纹,做成戒指面较容易,但要做成较大的手镯则难上加难。同样的高档品种,尺寸为14mm×12mm的翡翠戒指的价格比手镯的价格低100倍至150倍。也就是说,做成戒面的价格为1万港元,那么做成完整的手镯,其价格为150万港元。

在评价翡翠手镯的价值时,手镯本身的尺寸大小会产生一定的影响,但并不是尺寸越大,价值越高,还要考虑适配性。我们常以圈口的直径计算,直径若小于54cm(属于小圈口),较少人可佩戴,价值会低一些;直径在56~58cm,则较多人可佩戴,价值会较高;直径若大于60cm(属于大圈口),价格又会降下来。手镯条子的厚薄、宽窄对价格也有一定影响。

2. 翡翠珠链

翡翠珠链的价格不能用其平均数来衡量。例如一条珠链由100粒直径为9mm的珠子组成，其价值为300万港元，这并不等于说每一粒珠子的价格为3万港元。珠链的价格并不是每一粒珠子价格的简单相加，而是以几何系数提高。例如2014年香港苏富比公司拍卖的一串珠子直径为19.20～15.40mm的翡翠珠链价格高达2亿多港元。

珠链的珠子直径的尺寸大小对价格影响很大，例如由直径为10mm珠子串成的珠链与由直径12mm的珠子串成的珠链相比，其价格可能相差一倍。当然还要考虑珠链的长度，因为这关系到用料多少的问题。

3. 翡翠光身蛋面（椭圆形戒面）

在评价翡翠光身蛋面时发现，其尺寸的大小对价值影响很大，对于档次较高的蛋面，要求颜色均匀，有一定浓度和鲜阳度，水头要足，无裂纹，无瑕疵。在相同质量条件下，蛋面尺寸越大，价值越高。一般以长直径计算：5mm以下的蛋面，太小，价值不高；5~10mm为中等；11~12mm为较大，价值较高；13~16mm属于大蛋面，价值升幅大。

由于翡翠首饰如怀古、鸡心、马眼、马鞍等光身成品，所需厚度低于蛋形戒面厚度，因而评价时要考虑其体积因素。在评价翡翠首饰时，翡翠体积与价值关系不能简单以其用料的多少来衡量，还要考虑货型、取料的难易、成品的款式等（图11-13）。

人们一般会用有瑕疵或有裂纹的翡翠进行雕花设计，因而有可能雕花越多的翡翠饰品，价值越低（图11-14）。

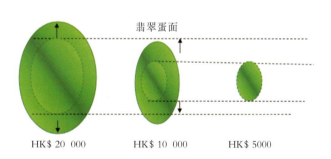

图11-13　翡翠蛋面尺寸增加与价值关系图

10%雕刻面

20%雕刻面

50%雕刻面

图11-14

附录：不同档次翡翠成品鉴赏

低档
人民币 2000 元

低中档
人民币 2000 元至 1 万元

中档
人民币元 1 万元至 10 万元

中高档
人民币 10 万元以上

高档
人民币几十万元至百万元

最高档
人民币几百万元至千万元

不同档次的翡翠成品

颜色	白色、灰色、黑色
颜色类型	豆色
种属	白豆、黑乌鸡、猫豆、"八三"种
地子	少、豆地
质地	粗晶质
成品类型	雕件、小件、手环

低档的翡翠（人民币 2000 元或以下）

颜色	淡绿、暗绿、不均匀、油青
颜色类型	豆色、不均匀
种属	油青、花青、飘花、金丝、白底青、豆青、糯种、乌鸡、干青
地子	豆地、糯地
质地	中至粗质
成品类型	雕件、手环

中低档翡翠（人民币2000元至1万元）

颜色	鲜绿、不均匀、白色种好、紫色
颜色类型	豆色、团色
种属	冰地以上油青、飘花、金丝、彩豆、冰种、乌沙、铁龙生
地子	豆地、糯地、冰地
质地	细至中质
成品类型	小蛋面、雕件、素件、手环、摆件、小珠链

中档翡翠（人民币1万元至10万元）

附录：不同档次翡翠成品鉴赏

颜色	鲜绿、淡至中等、均匀至不均匀、白色种好、紫色
颜色类型	豆色、团色
种属	玻璃地以上花青、飘花、金丝、彩豆、玻璃种、乌沙
地子	糯地、冰地、玻璃地
质地	细至中质
成品类型	蛋面、雕件、素件、手环、摆件、珠链

中高档翡翠（人民币10万元以上）

颜色	鲜绿均匀、白色种好、蓝紫色
颜色类型	团色、根色
种属	玻璃种、老坑种、乌沙
地子	冰地、玻璃地
质地	极细至细
成品类型	蛋面、雕件、素件、手环、摆件、中珠链

高档翡翠（人民币几十万元至百万元）

颜色	均匀鲜绿
颜色类型	根色
种属	老坑玻璃种
地子	玻璃地
质地	隐晶质
成品类型	素件、大蛋面、大珠链、手环

极高档翡翠（人民币千万元）

主要参考文献

奥岩,1996. 缅甸翡翠岩石学及宝玉石学研究[D]. 武汉:中国地质大学(武汉).

狄敬如,吕福德,周守云,等,2000. 哈萨克斯坦翡翠成分特征及成因初步研究[J]. 珠宝研究(02):38-39.

陈志强,1997. 翡翠的结构和赌石预测[J]. 中国宝玉石(02):32-33.

陈志强,袁奎荣,1995. 翡翠结构论[J]. 桂林工学院学报(04):343-350.

崔元文,施光海,林颖,1999. 钠铬辉石玉及相关闪石玉(岩)的研究[J]. 宝石及宝石学杂志(04):16-17,19-22.

邓燕华,1992. 宝(玉)石矿床[M]. 北京:北京工业大学出版社.

胡楚雁,2020. 翡翠大讲堂:翡翠的鉴定、评价与选购[M]. 武汉:中国地质大学出版社.

欧阳秋眉,严军,2005. 秋眉翡翠[M]. 上海:学林出版社.

欧阳秋眉,2000. 翡翠全集[M]. 香港:天地图书有限公司.

欧阳秋眉,1997. 翡翠ABC[M]. 香港:天地图书有限公司.

欧阳秋眉,1998. 翡翠选购[M]. 香港:天地图书有限公司.

欧阳秋眉,2001. 紫色翡翠的特征及成色机理探讨[J]. 宝石及宝石学杂志,3(01):1-7.

欧阳秋眉,李汉声,郭熙,2002. 墨翠——绿辉石的矿物学研究[J]. 宝石和宝石学,15(03):1-7.

欧阳秋眉,曲懿华,1999. 俄罗斯西萨彦岭翡翠矿床特征[J]. 宝石和宝石学杂志(02):5-11.

亓利剑,郑曙,潭振宇,1998. 辉玉常见的种属与宝石学特征[J]. 珠宝科技(01):51-56.

王长秋,张丽葵,2017. 珠宝玉石学[M]. 北京:地质出版社.

王礼胜,宋彦军,陶隆凤,2021. 珠宝日历[M]. 武汉:中国地质大学出版社.

徐军,2006. 翡翠赌石的技巧与鉴赏[M]. 昆明:云南美术出版社.

袁心强,2009. 应用翡翠宝石学[M]. 武汉:中国地质大学出版社.

袁心强,2004. 翡翠宝石学[M]. 武汉:中国地质大学出版社.

张蓓莉,2006. 系统宝石学[M]. 2版. 北京:地质出版社.

[日]都城秋穗,久城育夫,1984. 岩石学[M]. 北京:科学出版社.

WIN H, MYO N A, 1994. Mineral and Chemical Compositions of Jadeite Jade of Myanmar[J]. Journal of Gemology(4):269-276.

OU YANG C M, 1984. A Terrestrial Source of Ureyite[J]. American Mineralogist(69):1180-1183.

图书在版编目(CIP)数据

实用翡翠学/欧阳秋眉,严军,深圳技师学院珠宝学院著. —武汉:中国地质大学出版社,2021.11
　ISBN 978-7-5625-5150-8

Ⅰ.①实…
Ⅱ.①欧…②严…③深…
Ⅲ.①翡翠-教材
Ⅳ.①TS933.21

中国版本图书馆CIP数据核字(2021)第228448号

实用翡翠学	欧阳秋眉　严军　深圳技师学院珠宝学院　著
责任编辑:彭　琳　　选题策划:张　琰　张旻玥	责任校对:徐蕾蕾
出版发行:中国地质大学出版社(武汉市洪山区鲁磨路388号)	邮政编码:430074
电　　话:(027)67883511　　传　　真:(027)67883580	E-mail:cbb@cug.edu.cn
经　　销:全国新华书店	http://cugp.cug.edu.cn
开本:787毫米×1092毫米　1/16	字数:256千字　印张:10
版次:2021年11月第1版	印次:2021年11月第1次印刷
印刷:武汉中远印务有限公司	印数:1—2000册
ISBN 978-7-5625-5150-8	定价:69.00元

如有印装质量问题请与印刷厂联系调换